蔡燕婕　编著

环境设计手绘表现

U0188224

上海科学技术出版社

内容提要

本书根据编者多年的环境设计手绘课程的授课经验及教学体会，以培养学生创新精神和高阶思维为宗旨编写而成。内容包括手绘表现的基础知识、设计思路的表达、室内及景观的手绘应用表现。在每个章节中设计一系列课题实战环节，课题内容环环相扣，学生可以按照这些环节自行学习，老师也可以参考来设计课程作业或课堂练习。

本书结构合理，手绘作品展示精美，囊括了具体的手绘表现技巧在不同项目中的应用，可供高等院校环境设计及相关专业师生使用，也可供相关专业从业人员参考。

图书在版编目（CIP）数据

环境设计手绘表现 / 蔡燕婕编著. -- 上海 : 上海
科学技术出版社，2020.8（2024.8重印）
 ISBN 978-7-5478-4943-9

 Ⅰ. ①环… Ⅱ. ①蔡… Ⅲ. ①环境设计－绘画技法－
高等学校－教材 Ⅳ. ①TU-856

中国版本图书馆CIP数据核字(2020)第089730号

环境设计手绘表现

蔡燕婕　编著

上海世纪出版（集团）有限公司
上 海 科 学 技 术 出 版 社　出版、发行
（上海市闵行区号景路159弄A座9F-10F）
邮政编码 201101　www.sstp.cn
苏州市古得堡数码印刷有限公司印刷
开本 889×1194　1/16　印张 9.25
字数 200 千字
2020 年 8 月第 1 版　2024 年 8 月第 4 次印刷
ISBN 978-7-5478-4943-9/TU·295
定价：68.00 元

序

环境设计专业历经数十年的变革，相关行业发展十分迅猛，并日益走向成熟。这就要求教育工作者沉淀出专业且完善的教学体系，这个教学体系中的每一环节都紧密相连，并且具有成长性，能与时俱进地进行优化。本书正是在此基础上完成了从传统手绘到特色、创新技法的转变，进一步优化和完善了基础教学内容。

手绘表现课程是环境设计专业的重要课程。近年来信息技术迅猛发展，手绘不但没有被取代，反而更受重视，因为手绘是设计师的基本功，具有独特的美感，并且还能和电脑技术融合。本书的编著就是基于这个时代背景，既包括了基础性的知识和技能，也融入了新时代的内容。

本书提倡匠人精神，不同于传统手绘教学中纯粹的技术训练，更注重设计思维的培养，其内容具有创新性和高阶性，课题设计具有挑战度，对于刚接触设计专业的初学者十分有益处。本书全面细致地设计了一系列实战课题，这些课题环环相扣，学生可以按照这些环节一步步自行学习，老师也可以参考来设计课程作业或课堂练习。应当说，这是本书的一大特色。本书另一大亮点则是纳入了手绘与电脑结合的内容，这和当前的行业发展十分契合，也是目前大部分手绘书籍所缺失的部分。

本书的编写者蔡燕婕老师是上海建桥学院艺术设计学院长期从事手绘教学的一线教师。本书也得到了我院环境设计系全体老师的帮助，感谢同学们提供的精彩案例素材，相信它的诞生能带给读者一些全新的思考和帮助。

上海建桥学院艺术设计学院院长

2020 年 6 月

前　言

在我国高校中，手绘表现是环境设计专业的必修课程，是在大学一年级开设的课程。其在每所学校的课程名称可能略有不同，但教授的内容大体相仿。该课程的设立旨在为学生打下坚实的手绘基础，为后续的设计课做铺垫，为学生日后进入职场、成为设计师做准备。

本书是手绘表现课程的配套教材，内容涵盖了手绘原理和方法，其目标是培养学生的空间认知能力和初步设计能力，使学生掌握平面及空间的手绘表现技法，为后续课程打下良好基础。

本书的编写有以下 3 个方面的特点：

1. 紧抓手绘教学的难点——设计思维的训练

由于手绘课程一般设置在低年级，学生刚从"素描、色彩、速写"的高考模式中走过来，对于设计一无所知，手绘课程就如同一座桥梁，搭起了绘画与设计的关系。在该课程中，学生不仅能学习手绘的技法，也能初探设计，了解手绘在设计中的作用。然而，以往一些传统的手绘课程偏向手绘效果图训练，致使学生将手绘等同于效果图绘制，从而错误认知手绘真正的意义。因此，本书的编写涉及思维训练，展示不同设计阶段手绘的意义，也让学生了解手绘在整个设计过程中各阶段的不同作用并进行各种类型的训练。当然，初学者对设计可能不会有深刻体会，但开拓学生的眼界、树立正确的观念十分必要。

2. 解析手绘教学的重点——透视、线条、色彩

（1）透视：透视教学能培养学生从感性的空间感觉到理性的空间认知，因此透视是手绘教学的重中之重。透视学习的关键不仅在于临摹和作图画法，还在于能将脑中的三维空间准确无误地绘制在二维图纸上，确定好各种形体的具体位置和相应尺度。本书涵盖透视原理及一系列强化训练，让不同基础的学生都能掌握好"透视"这一手绘门槛。

（2）线条：线条是学好手绘的关键，每个设计师的线条也代表了他自身的个性，但线条学习需要一个漫长的过程，并非完成一个课程便能解决。因此，本书安排了一

些长期作业，例如"每日手绘日记"，让学生在长期的学习过程中得到锻炼。只有通过长期的训练，学生才能将线条画"准"、画"稳"，表达出内心所思，并使线条充满美感。

（3）色彩：快速着色表现是环境设计手绘表现的关键。有许多学生着色太注重质感纹理、投影和反光的处理，导致耗费大量时间绘图。太过于写实的手绘是毫无意义的炫技。本书在色彩章节强调手绘表达的终极目标是服务于设计，要把设计手绘和纯艺术区分开来。

3. 科学训练方法的运用——系列性的课题实战

（1）环环相扣的基础性训练十分关键：临摹是传统手绘课程教学的主要训练手段，但是单纯的临摹训练并不能提升设计思维和手绘能力的实战运用能力。本书的前三个章节都设置了一系列小型课题练习，这些环环相扣的练习都是针对手绘的基础能力，如透视、构图、线条、色彩等。

（2）加强平面图翻透视图的练习很重要：本书后两个章节都有平面图转换为透视图的训练，这是手绘教学的一个重点。教师在教学过程中提供平面图，让学生进行临摹，在临摹过程中使学生理解制图原理，随后让学生选择多个角度、运用相关的基础知识来绘制透视图。多次进行这样的练习，有助于训练学生的空间设计思维和平面转换空间的能力。平面图翻透视图是难度较大的一项练习，这其实已经向设计课程迈进了一大步。在训练过程中，鼓励学生尝试多种风格和材料，创新绘图技法。

（3）手绘和电脑软件的结合练习：手绘与电脑软件结合是本书的另一个重要内容，包括"先手绘后电脑"和"先电脑后手绘"两种方式。这需要学生有一定的软件基础，例如 Photoshop、AutoCAD、Sketchup 等。因此，这个部分内容可以安排在手绘课程上，也可以安排在软件课程上，具体情况依据每所学校课程的先后次序而定。

总之，手绘是设计师进行设计思维记录、设计方案沟通与表达的一个过程。它是一种载体，服务于设计。本书的目的在于让学生明白手绘在设计中的作用和定位，掌握科学的学习方法，达到事半功倍的学习效果。

编　者
2020 年 5 月于上海建桥学院

目 录

第一章
初步认识手绘表现

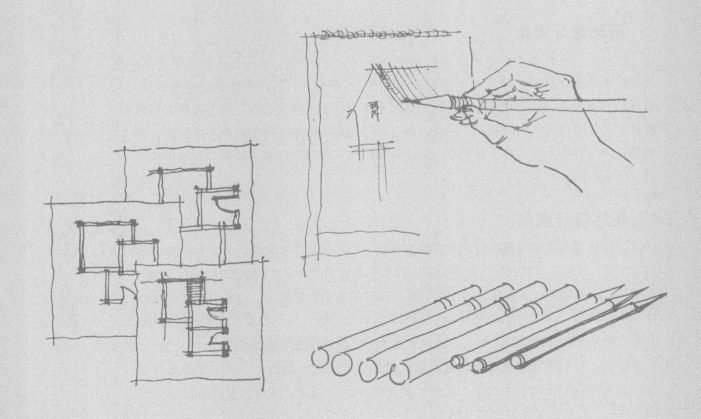

手绘在环境设计中的作用

清华大学美术学院苏丹教授说过："设计根本上来说不是艺术，设计首先是用来解决问题的。"因此手绘图不同于一般的绘画艺术，它是设计意向的图面表达，是设计师思维过程的记录和演绎，可读性是它的首要目标。当然，这并不能否认手绘作为一种绘图形式天然具有的"艺术性"，这种"艺术性"使得图纸赏心悦目。

记录设计思维

设计师在进行设计构思的过程中，手绘是最直接最快速的记录方式，它可以让设计师在最短的时间内对设计初步构想进行记录。在这一过程中，设计师与自己进行对话，其"语言工具"就是手绘草图，许多概念和想法就如灵光乍现，一瞬而过，需要不断地记录—分析—判断—修正或颠覆，直至获得一个相对成熟的方案。手绘草图是设计思维最好的辅助工具，是文字表述和电脑绘图都无法取代的。

辅助设计沟通

环境设计工作通常都是团队协作，特别是一些大型项目，参与的人员非常之多，因此团队成员之间的沟通交流十分重要。对于设计师而言，图纸交流胜过口头语言，日常的方案沟通往往通过画草图进行，甚至许多设计事务所的会议室都布置了大型的墙面绘图工具以便同事间交流。除此之外，设计完成后的施工环节若是出现问题，例如施工人员读图不清、对于某些节点做法有疑问等，此时设计师必须通过现场手绘图纸来沟通解决。

传达设计成果

设计成果向甲方呈现是设计中非常重要的一个环节，一些重要的方案往往要进行多轮汇报。目前，一般的设计汇报会采用精准的电脑制图及逼真的电脑效果图。但是，手绘往往不能缺席：一方面，因为手绘有其独特的魅力和感染力，这是机械的电脑软件无法取代的，许多公司仍然保留手绘图纸汇报的传统；另一方面，在汇报过程中，若甲方对某些概念或细节理解不清晰，当场手绘便是最好的沟通方式。

总之，手绘贯穿设计始终，它是设计师不可或缺的一项能力。学好手绘将对设计大有帮助。但是在学习之前，必须了解手绘在不同的设计项目和设计阶段中呈现的形式。

记录设计思维　　　　　辅助设计沟通　　　　　传达设计成果

图 1-1　手绘在环境设计中的作用

不同设计阶段的手绘表现形式

方案初始阶段

在方案设计之初，设计师一般会在脑海中迸发出多个设计意向，好的创意灵感往往只是一瞬间在大脑里划过。这个时候，快速地手绘记录十分重要，画面力求将设计师的概念表达清晰，一些细节问题没有必要涉及（如材料质感、结构做法等）。况且，方案初期总是面对种种不确定的条件，设计构思往往不够成熟，后期必定会有所修正甚至颠覆。因此，过分细致的手绘只会浪费时间。

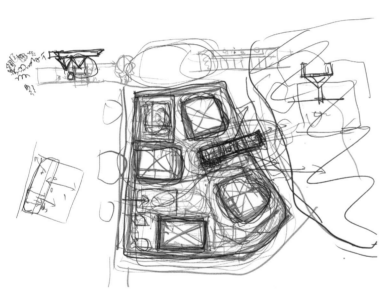

图 1-2　方案初始阶段的草图（绘图：范春波）

方案深入阶段

方案进入深入阶段以后，手绘的风格会偏向明确且细腻的表达。具体的空间关系、设计形态、色彩关系、材料质地等都应当在这个阶段表达清晰。此时，手绘的目的在于向甲方展现设计成果。手绘的表达也可以根据具体项目的设计风格呈现出多样性特点，有时候将手绘与电脑软件结合会产生出其不意的效果。

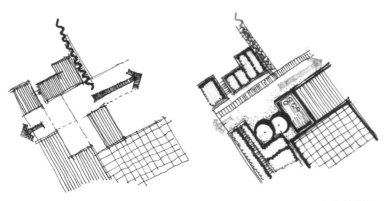

图 1-3　方案深入阶段的推敲

项目的施工阶段

在设计项目的施工阶段，手绘表达往往成为设计师与施工方沟通的一种重要手段。特别是在一些特殊时期，例如施工做法的细节出现疑问的时候，计算机出图表达不清晰的时候，施工现场出现错误的时候。手绘都将成为最快速、最有效的沟通方式。

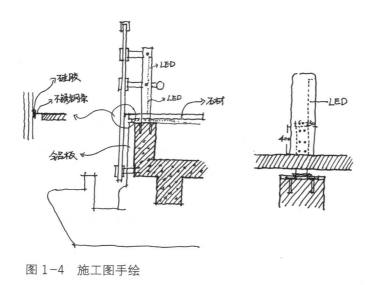

图 1-4 施工图手绘

多样的手绘风格

由于工具不同、创作意图不同，手绘图纸的风格也多种多样。不同风格会展现出多样的艺术格调和感官效果。这往往镌刻着时代的烙印，并如同一张名片向观众展示着设计师的个性。

20 世纪末的手绘表达

在 21 世纪之前计算机发展尚不成熟，设计图纸基本依赖手绘；哪怕到了 20 世纪末期，电脑有了一定的普及，但效果图渲染仍然费时且效果不佳，手绘效果图绘画师仍然是设计行业的香饽饽。这个时期，手绘的风格非常多样且细腻写实。在绘图工具的选择上也很多，除了常用的水彩和马克笔之外，还有喷绘、色粉笔、色卡纸等。这些工具在当今时代逐步退出了历史舞台。

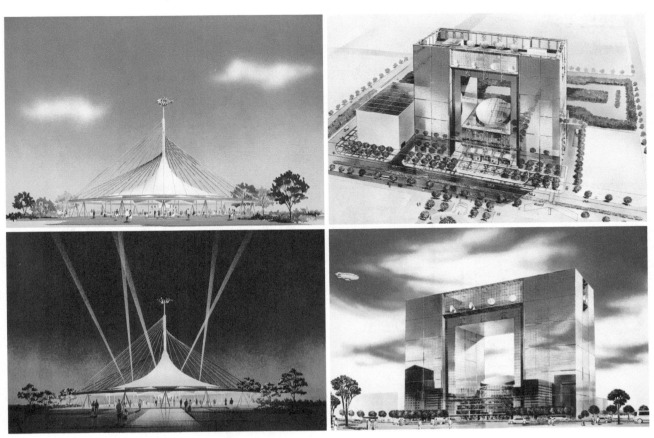

图 1-5 20 世纪 90 年代电脑发展之前的手绘效果图
（图片来源：《九十年代世界建筑画精选》，梅洪元主编，哈尔滨出版社）

设计草图 & 交流沟通图

由于这类手绘图具有"非正式图纸"的特性，因此具有很大的随意性，材料工具也不拘一格，以表达思路为宜。有时候这些图纸貌似"杂乱"，却蕴含着设计灵感和设计思路。

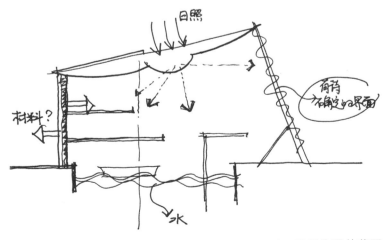

图 1-6 用于沟通的草图

快题考试

　　无论是入职考试，还是研究生考试，或是作为平时阶段性设计课程的评价，快题都是一种常用的考试形式。快题考试以手绘为主，主要表现的是方案创意阶段的构思。由于快题的"快"，因此形成一种特有的风格，快速流畅的线条、马克笔快速上色、不同图纸的合理编排、美术字体的标题文字等，都是快题表达的形式。

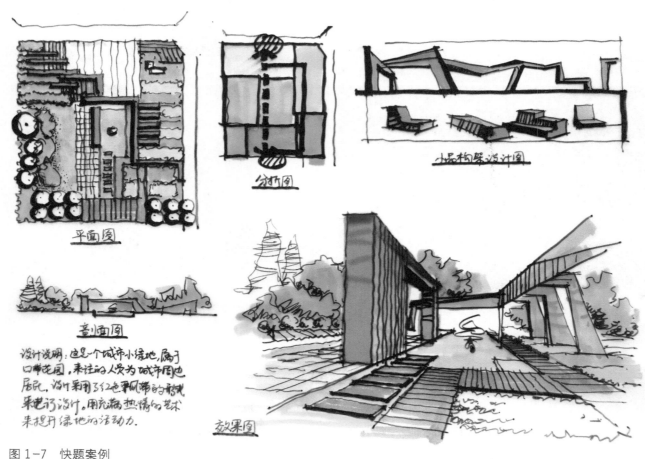

图 1-7　快题案例

计算机和手绘的融合

　　如今随着电脑技术的发展，手绘并没有被取代，反而因为它独有的艺术魅力而更显弥足珍贵。在实际设计项目工作中，纯粹的手绘表达在方案初期的草图阶段应用较多，但在成果表现的时候，往往会将手绘和计算机结合，这种多元综合的表现方式创作出更多的表达可能性，效果也更灵活生动，能更恰当地传递设计方案的内涵。如今，手绘与计算机结合的作品层出不穷，这一现象逐步发展成一种新的风格，也成为新的趋势。

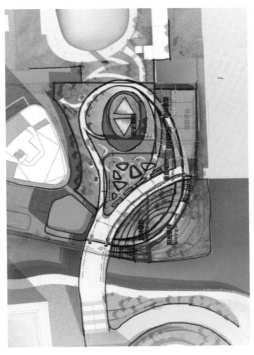

图 1-8 借助 Pad 的手绘操作（绘图：范春波）

手绘表现的学习要点

课程学习要注重日常练习

手绘课程的学习需要学生日积月累的练习。比如，透视的原理可以快速掌握，但是要画准透视或者是掌握徒手透视则需要一个漫长的练习过程。每个高校手绘课程的学分课时有所不同，有长有短。课程的结束并不意味着学习的结束，日常的"手绘日记"还要继续，学生可以在平时生活中、旅游途中随身携带速写本及时记录。

临摹 + 实景提取的练习方式

临摹是一种快速学习手绘技法的方式，也是各高校常规的手绘教学方法。但是单纯的临摹会带来一定的局限性，学生不能提升空间感觉，也不能掌握手绘和设计之间的关系，而这恰恰是设计手绘的真谛。因此，实景提取类的课题非常重要。在这里强调的不是"写生"，而是"实景提取"，因为这不仅仅是写生，而是要在写生的基础上分析、重构。这些内容有一定的难度，却是设计手绘的关键所在，有助于培养学生的空间感、尺度感和设计感。

多尝试不同风格和材料

在手绘课程学习的过程中，学生要多去尝试不同的材料和风格。了解不同材料的属性及运用技法有助于打开思路、拓宽眼界，在将来的实战应用中找到合适的表现手法，甚至形成自己的风格。

设计能力与手绘能力相辅相成

随着进入后续设计课程，学生的设计能力和空间思维能力逐步提高，这对于手绘能力有很大的帮助；在设计课题时学生应当逐步养成良好的手绘草图习惯，这有利于设计思维的发展和设计能力的提升。因此，手绘能力和设计能力的双向提升是一个互相促进的过程。

但有一点要注意：设计手绘要注重创意概念和空间关系的表达，不要一味追求细腻逼真的效果和漂亮的笔触。迷恋炫技的结果将是本末倒置，会阻碍设计能力的提升。

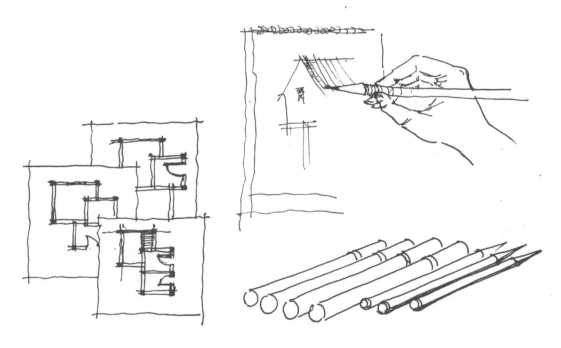

图 1-9　手绘表现的练习

课题练习：手绘日记

拳不离手，曲不离口。所谓手绘日记，其实就是一个细水长流的作业，需要学生不断坚持，这份坚持不仅是在课程上，甚至课程结束后仍然要继续。

课题内容：养成随身携带速写本和钢笔的习惯，无论是平日的公园散步还是假期的远行旅游，随时随地都可以去发现美、记录美。当然，作为环境设计师，手绘速写更侧重空间的表达。

我温馨的家——记录从最亲切开始

手绘日记从"我的家"开始，每个同学可以根据自己的喜好对自己最熟悉的生活环境进行写生，可以是自己特意布置的房间一隅，可以是刚买回家的小家具，也可以是自己种养的花花草草。画自己的家会带入自己的情感，在写生之前会去调整摆设，这些都能在潜移默化中提高学生的设计兴趣、审美修养和手绘能力。

图1-10　手绘日记——我的家（绘图：万祎、吴乐怡、张瑾）

向大师致敬——记录设计师作品

记录并分析一些设计大师的作品是初学者很好的学习习惯，这不但对于设计本身有帮助，还有助于提高手绘能力。

◆ 设计师

汉斯·瓦格纳（Hans Wegner）【1914—2007】

生于丹麦，1914年瓦格纳出生于哥本哈根当地的工艺美术学校学习设计。其主要设计手法是从古代传统设计中吸取灵感，专著化繁己有形式，却而现配合构思。

◆ 设计初衷

使人以柔为之底，使有腰疼的人也可以坐着十分舒服。因其迪背部，主持特征的骨性比五个椅子面部可配为其他椅子把椅子，所以也有人把椅子叫"乐龄椅"。

◆ 设计特点

■ 结构

绝用处少有生硬的棱角，设计者一般都处理成圆滑的曲线。椅子的把手设计为圆润，职业使用者能够更久的依据生椅子；椅子的靠背设计方扇形式，使人体靠背的受力面增大，更加舒适。

▶ 外形

椅子采用木头制成，外形线条流畅优美，造型高雅朴素，其坐垫采用皮制，而非棉麻，使得the chair在质朴中增添了一份文元，体现的了低调奢华的气质，所以在很多场合the chair都有出现。

名称：钻石椅 Diamond Chair
设计时间：1950—1952年
简介：这是由Knoll公司在1950年推出的椅子并以把椅钢金属焊接著称。三正形外与部份以45度，中国而利用水到的精妙，这少的这些作品的但很别的，与当时的简约，可取的弯以钓论会靠椅，向水到的阴合布置，将成了简易上仰的对比，中利是现出视觉的与布们的相引，故以呈引温馨文现代。

设计师：阿里托（哈里）Barboia（Arieto（Harry）Barboia）

椅子采用木头制成，外形线条流畅优美（以下文字过小，无法辨识）

伊姆斯休闲椅 这是
Eames Plastic Chair

设计者 伊姆斯夫妇
设计的年份 1956年
国家 美国

设计的灵感：1950年伊姆斯夫妇 面临一个新的挑战。
他们要设计出一款既经济，又轻便、更高质量的椅子
这款椅子中的灵感来源于 范围是春尔敦白椅。
他们利用弯曲的钢筋和成型的塑料来制造这款经典的椅子。

产品的特征：1. 这款椅子使用了创新技术和材质，使得它可以成为世界上第一款被大量仿造的单椅
2. 现今创新的科技使全系列的Eames Plastic chair（对 处理由于再次复刻的制造，使用可回收环保的聚丙烯材质，来制造给客优美因椅座外壳的重量更轻，向时更具有好的内热性和抗化学性。

没有伊姆斯椅的小店一般都不文艺.

图1-11 手绘日记——向大师致敬（绘图：陈莉莎、万祎、杨习、郑寒）

随逛随记——记录有设计感的店铺

许多同学都喜欢逛街，其实在逛街的时候看到令人赏心悦目的店铺或者橱窗，也可以用手绘的方式进行记录。

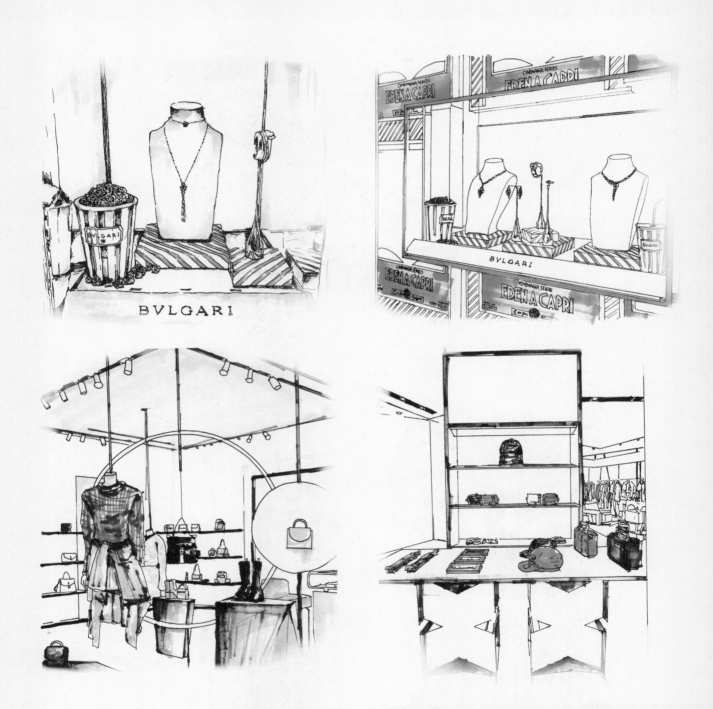

图1-12　逛街时的手绘日志（绘图：朱立、薛雯雯、张晨怡）

外面的世界很精彩——旅行日记

假期同学们可能会去全国乃至世界各地旅行，旅行之时可以带好记录本，走走看看，画画写写，是一种非常美好的体验。同学们可以通过这些旅行日记，记录旅途中的点滴美好，开拓自己的设计视野，并提高手绘能力。

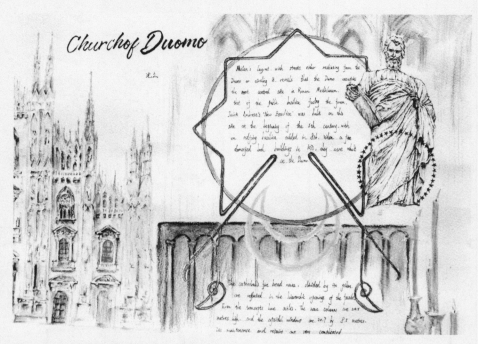

图1-13 欧洲之旅手绘日志（绘图：沈立）

图1-14 记录经典欧洲建筑

粉墙黛瓦是极具苏州建筑的标志性符号
三角形的运用,馆屋顶部分的三角形取自
苏州老房子屋顶的比例,竖边是1,横边是2
这是江南水乡瓦顶木屋架的模数。
提取了传统的比例和尺度,使几何图形
与空间进行了完美的结合。

图 1-15 苏州博物馆调研写生(绘图:傅逸文、陈昭萍)

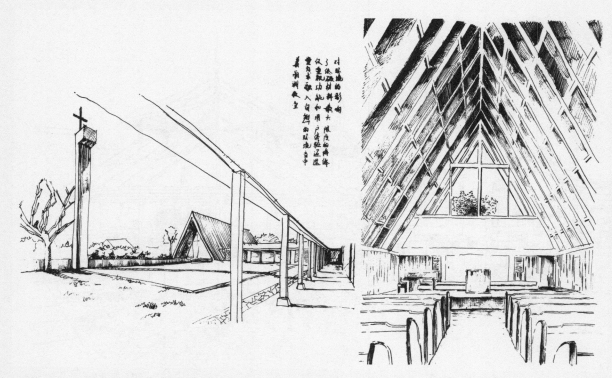

图 1-16　美丽洲教堂调研写生（绘图：张旭蓓、吴乐怡）

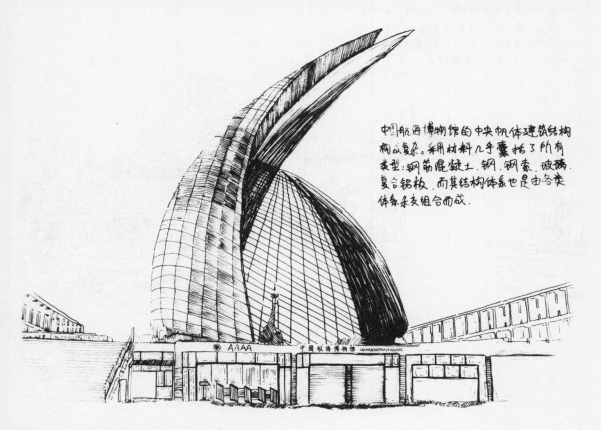

图 1-17　航海博物馆调研写生（绘图：张浩欣）

图1-18　迪士尼乐园调研写生（绘图：闵昱玮）

图1-19　龙美术馆调研写生
（绘图：潘尤琪）

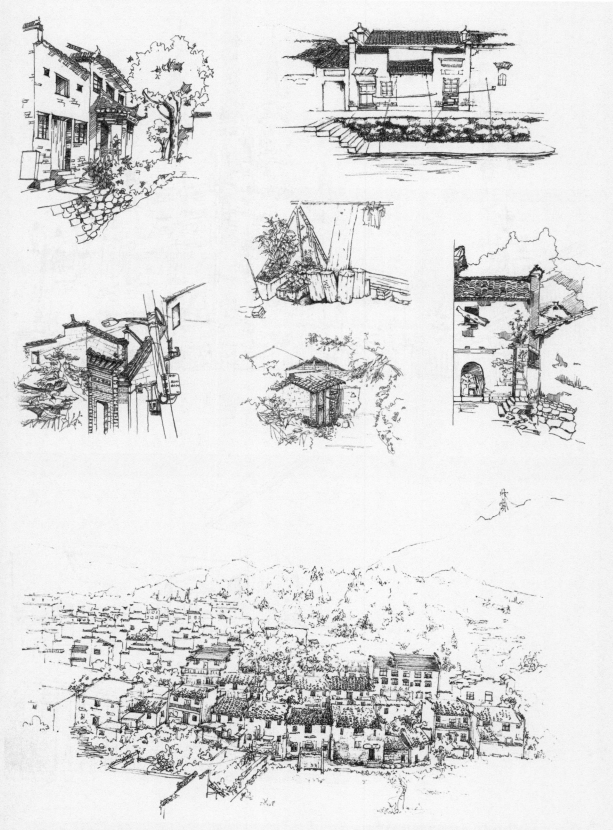

图 1-20　古村落钢笔速写（绘图：余敏讷、余岱颖、程婧、赵佳琦、董汉文）

图 1-21 古村落钢笔速写（绘图：袁学成）

图 1-22 古村落水彩速写（绘图：程千汇）

图 1-23 古村落马克笔速写（绘图：程婧、余敏讷、余岱颖、周琳、夏旖旎）

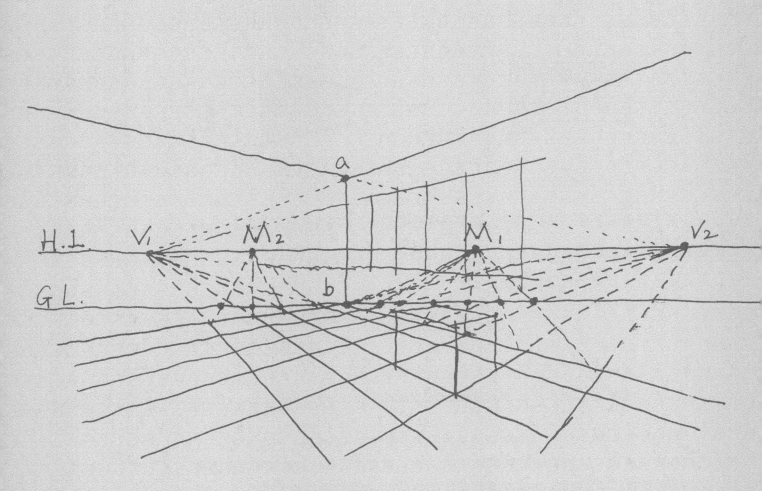

透视的原理

透视——手绘效果图的灵魂

透视是空间手绘是否成功的核心，是手绘效果图的骨骼。没有准确的透视，优美的线条和色彩只能组织出散了架的形体。透视重要却又较难把握，只有掌握了透视的基本原理，并且通过大量练习铭记于心，才算抓住了空间手绘的灵魂。

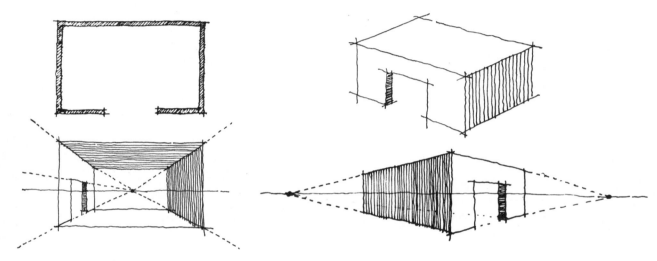

图 2-1　从平面图到透视图的表达

要了解透视原理，首先要掌握一些基本的透视术语，常用的术语见表 2-1。

表 2-1　透视术语表

术　语	含　义	代　号
灭点（消失点）	透视线交汇的点	VP
视平面	人眼高度所在的水平面	HP
视平线	视平面	HL
视高	视点到地面的距离	H
视距	视点到画面的垂直距离	D

根据视觉角度的变化，大致可以将透视图的类型分为一点透视、两点透视、三点透视和多点透视。在空间手绘的效果图应用方面，最常用的是一点透视和两点透视。这两种透视相对容易绘制，并且也最贴近日常生活中人眼最熟悉的视觉感受。

一点透视

一点透视，也可称之为平行透视。顾名思义，就是整个透视图只有一个灭点（消失点）。以立方体为例，一点透视就是观察者从正面去观察它的效果。绘制一点透视要领如下：

- 与视平线平行的线条在画面中保持水平。
- 竖向的垂直线条在画面中保持垂直。
- 与画面垂直的线条消失于一个点上，消失点在视平线上。

一点透视运用最多的是室内效果图，因为这样能非常好地表现出室内三个墙面，最大限度地表现出室内效果。而在户外景观设计或建筑外形表现中的运用相对较少，但也有特例，如轴线对景式的效果图、建筑街景效果图中也常常用到。

一般来说，一点透视的图纸效果会给人"正式、庄严"的感受，但与真实的视觉效果有一点差异，并且会略显呆板。一点透视相对于两点透视来说，容易理解和掌握，所以一般从一点透视开始学习。

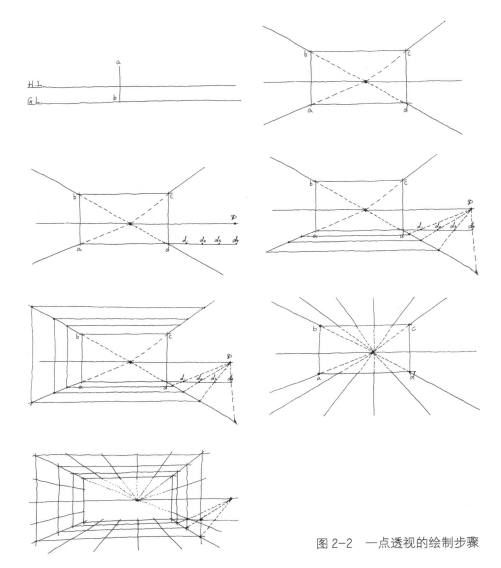

图 2-2 一点透视的绘制步骤

两点透视

两点透视，就是在透视图上有两个灭点（消失点）。以立方体为例，两点透视就是并非正面观察，而是转动角度后进行观察，保证能看到立方体左右相邻的两个面。绘制两点透视的要领如下：

● 竖向的垂直线条在画面中保持垂直。

● 其他两组平行线分别消失于画面左右两侧，消失点均在视平线上。

两点透视的运用范围很广，一般在表达建筑单体或者景观某个局部环境时会运用两点透视，室内效果图也常运用。有时为了在室内效果图中表达多个面向又不减活泼，就会对常规的一点透视的框架略作调整，使其水平方向的结构线略收拢，形成两点透视。这样的效果和普通一点透视相比，更真实生动。

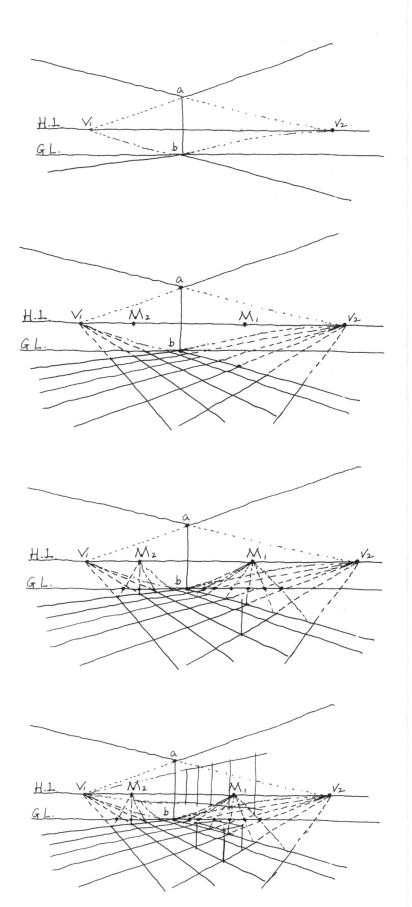

图 2-3　两点透视的绘制步骤

圆的透视

　　圆形要素在设计中十分常见，大到圆形建筑、圆形广场、圆形室内空间；小到圆桌、圆椅、圆门、圆窗、圆柱等。圆形要素除了正面角度外，一般都会呈现椭圆效果。其透视画法比较特殊：首先，绘制出圆形外切正方形的透视；然后用曲线连接各个切点，如此求出圆形透视。如果用这个方法，各个角度的透视都可以简单得出。

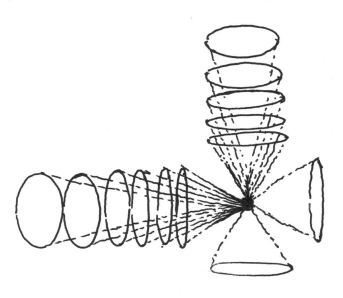

图 2-4 圆的透视

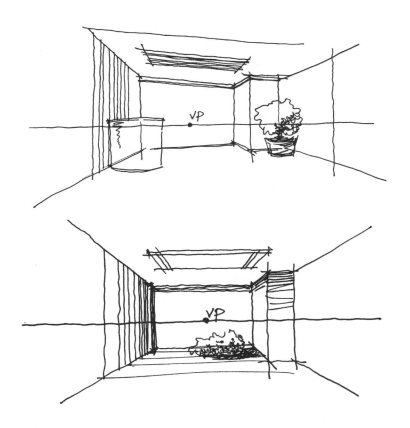

徒手绘制透视

　　在掌握了透视基本原理的基础上，实际设计项目更常用的是徒手透视，这就要求设计师在没有几何透视作图的情况下，准确地画出透视关系。这需要较强的空间想象力、尺度感，以及手头功夫。这样的能力才是真正的基本功，需要大量的实战训练才能习得。

图 2-5 徒手透视

课题练习：**一个空间，不同视高，不同角度透视**

对于手绘效果图来说，临摹优秀作品固然重要，但是只会临摹不会应用是远远不够的，况且空间想象力和尺度感知力也无法通过临摹来学习。因此，本节的作业练习侧重于实地透视绘制。这种方法类似于写生，但不同于速写写生。需要学生认真观察，根据自己不同高度的视平线来绘图，这样的方法可以训练学生对透视的理解、加深对空间的认知。

课题练习要求

要求学生对同一空间分别进行一点透视、两点透视的训练；并且根据站视和坐视两种不同的视觉高度来进行绘制。这种写生的方式不同于以往的素描写生，需要画出视平线、消失点和基本透视线。这种训练有助于学生将真实空间与透视进行联系。

图 2-6　寝室的一点透视（绘图：苏银莹）

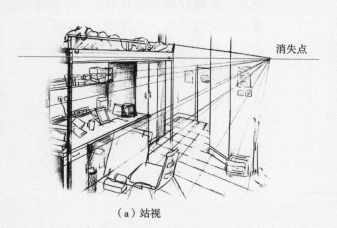

（a）站视　　　　　　　　　　　　　　　（b）坐视

图 2-7　寝室的一角（绘图：陈昭萍）

图 2-8　校园建筑一点透视（绘图：傅逸文）

根据不同角度，分别运用一点透视和两点透视绘制。

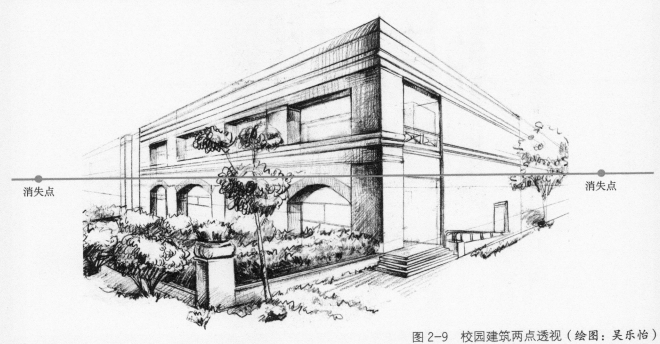

消失点　　　　　　　　　　　　　　　　　　　　　消失点

图 2-9　校园建筑两点透视（绘图：吴乐怡）

通过不同的视角（坐高或站高）表达走廊不同的透视效果。

图 2-10　走廊不同角度透视（绘图：周琳、吴乐怡）

构图的组织

构图——画面的骨架

构图是画面的结构骨架，是绘画时首要进行的画面整体把控，是在起稿之初就应该考虑的因素。在绘画过程中，构图就是确定主体绘制对象的位置及与其他绘制对象之间的关系。这就好比音乐中的乐理，文学中的语法和句式。它的成功与否直接决定了画作的成败。

手绘设计图是一种特殊的绘画形式，其虽与一般的绘画艺术不同，但构图在手绘图纸中的重要性仍然十分突出。构图作为图纸画面的构架，其原理和其他绘画艺术如出一辙。一幅成功构图的手绘图纸才能充分展现出设计师的设计意图，并且将观众的目光吸引到设计重点和设计亮点上去。

图 2-11 整体场景

在框选构图时，首先要考虑好观众的观赏角度。考虑使用竖向还是横向的构图形式，考虑各部分对象在画面中的位置安排等一系列问题。

图 2-12 同一场景在不同角度呈现不同构图

典型的透视图构图方式

（1）放射形构图

一点透视会形成一些明显的放射线，放射线在构图中具有很强的视觉张力，这个时候消失点就是视觉的焦点。因此，在一点透视的消失点位置应当表现设计的重点内容，这将引导观赏者的视线对焦到这个部位。

图 2-13　室内放射形构图（绘图：潘尤琪）

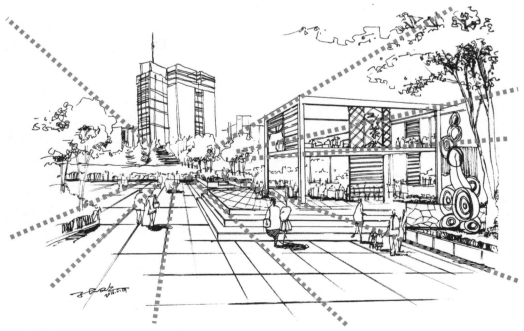

图 2-14　景观放射形构图（绘图：张欢）

图 2-15 室内三角形构图（绘图：潘尤琪）

（2）三角形构图

三角形构图在两点透视中最为常见，在进行这类构图时切忌将画面中心对分，或将两边的透视平均分配。因为这种作图方式不仅过于呆板，而且会使两边透视没有主次，设计重点难以体现。

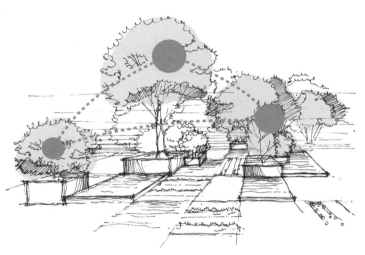

图 2-16 景观三角形构图（绘图：张欢）

（3）对角线构图

对角线构图在某种意义上和 S 形构图有共通之处。它也有着一定的动感趋势，并且有很强的指向性。对角线构图往往在鸟瞰图中应用比较广泛。在绘制这类图纸的过程中要注意两点：①不要过于均分图纸，这会使画面显得主次不分；②要注意对角线切分的两边视觉重量的均衡。

图 2-17 对角线构图（绘图：吴乐怡）

（4）S形构图

　　S形构图在景观环境效果图方面的应用十分广泛，例如曲线造型的道路或河流。曲线造型有一种强烈的动感，这样的构图可以有意识地凸显需要重点设计的对象，也可以将一些不需要引起注意的地方隐蔽起来。这不仅可以使画面生动，也可以满足设计表达的意图。

图 2-18　室内 S 形构图
（绘图：金宏岚）

图 2-19　室内 S 形构图（绘图：王奕扬）

图 2-20　室外 S 形构图

图纸整合的展板构图

展板排版是设计图纸整合的重要环节，排版的构图十分重要，可以借助划分线来定位图纸，划分线建议用铅笔绘制，以便修改及抹去。划分构图时需要注意以下 4 点：

● 构图要体现一定的逻辑性。这关系到图面的可读性，关系到设计师是否能高效地向观者"诉说"设计意图。一般来说，观赏者的读图顺序是从左到右，从上到下。因此，排版时应当参考这样的读图顺序来安排图纸的排布位置。

● 图纸的图幅要有大小主次的区分。一些重要的图纸（如平面布置图、鸟瞰效果图等）需占较大图幅，而分析类图或意向图往往占较小图幅。图纸的大小比例关系应当符合美学规则，令人赏心悦目。

● 排版构图与效果图构图一样，也应当考虑画面的格调统一、视觉重量均衡等问题。

● 图幅的间隙要注意宽窄规格的统一，并且要注意页边距的宽度。

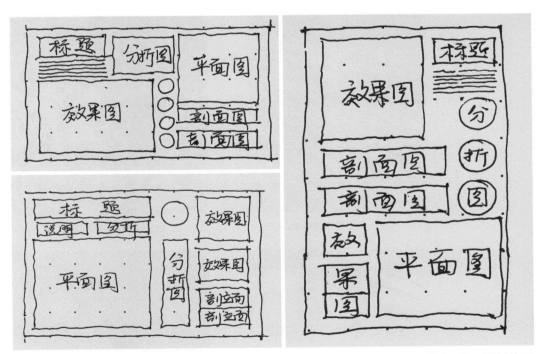

图 2-21 展板构图

线条的表现

线条——画面的魅力所在

　　自然本无线条，线条是人们对于自然形体的概括。它是手绘表现的首要元素。虽然单纯的线条没有色彩，但是仍然可以变化丰富，充满魅力。线条界定了形体的轮廓、结构、明暗和质感。单纯的线条可以成画，并且展现出不同的风格。有的线条爽朗畅快，有的线条柔美细腻，有的线条硬朗果断，有的线条一气呵成，这些线条的美展示了各自特有的个性。

（a）德加的线条　　　　　　　　　（b）梵高的线条

（c）伦布朗的线条　　　　　　　（d）莫兰迪的线条

图2-22　大师的线条（图片来源：《素描的诀窍》，[美]伯特·多德森，蔡强译，上海人民美术出版社）

线条工具的运用

线稿阶段的工具比较简单，一张画纸、一支笔就能解决问题。

画纸的选择比较多样，简单的可以是普通复印纸或速写纸，有时为了多画几个方案，也可以采用透明硫酸纸。除此之外，素描纸、水彩纸等有特殊纹理的纸张也可以用作效果图表现的纸张。

笔的选择大有学问，不同的笔绘制出的线条完全不同，所使用的手绘图纸类型也有所不同。图2-23是三种不同线条工具的差异：铅笔可以作为初学者上稿的辅助工具，易于修改；钢笔的线条流畅自由，快慢顿挫可以自由控制，线条硬朗果断；针管笔规格清晰，线条均匀，机械化且精准化。表2-2就不同线条工具的特性进行了比较。

针管笔线条

钢笔线条

铅笔线条

图 2-23 各种线条工具及线条

表2-2 线条工具比较

工　具	工　具　特　质	适用的设计类型
针管笔	有严格的粗细规格，笔触均匀	平面图、立面图
速写钢笔、速写签字笔	笔触变化丰富，有明显的顿笔痕迹	透视效果图的线稿

排线的多元化

形体的体积感主要依靠线条组合所形成的阴影来体现。阴影的线条方法有很多种：有齐排的线条组合，有反复交叉的网线组合，有反复叠加的线段组合，有点的疏密排列的组合，也有杂线的堆叠与留白形成的效果等。

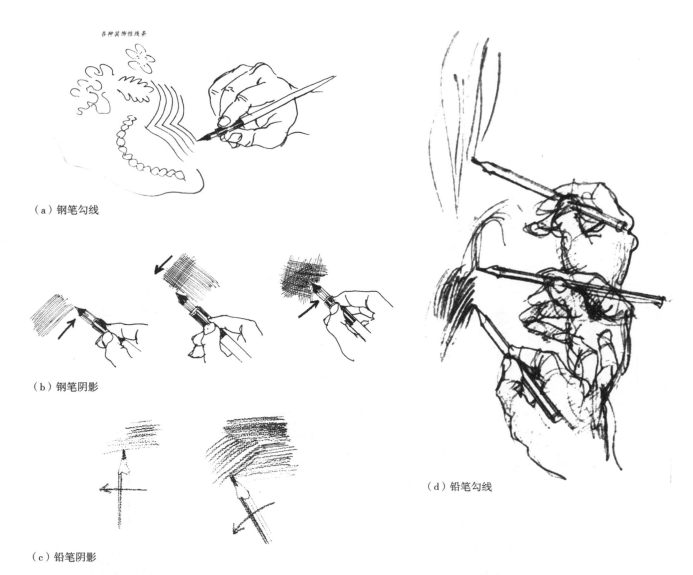

各种装饰性线条

（a）钢笔勾线

（b）钢笔阴影

（c）铅笔阴影

（d）铅笔勾线

图 2-24 运笔的方法（图片来源：《素描的诀窍》，[美] 伯特·多德森，蔡强译，上海人民美术出版社）

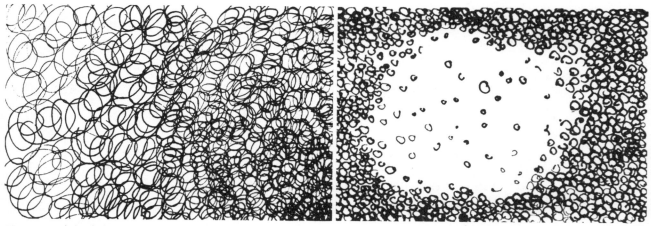

图 2-25 有趣的线条

图 2-26　各种线条练习

线条组织画面

对于环境空间设计手绘图纸而言，线条的基本任务就是将设计意图表达清晰和准确。但是，好的手绘图纸只是"准确"还不够，线条需要在画面中呼吸、生动起来。这就需要注重线条轻重缓急的变化。在画面中，有的线条负责支撑起画面的骨架，须要力透纸背，入木三分；有的线条则要云淡风轻，虚化处理。这样画面才有节奏感。当然，这样的节奏把握并非一蹴而就，需要多年的反复练习，并且打好速写功底，既要把线条画精准，又要把握好线条的力度表达。

图 2-27 粗犷的线条

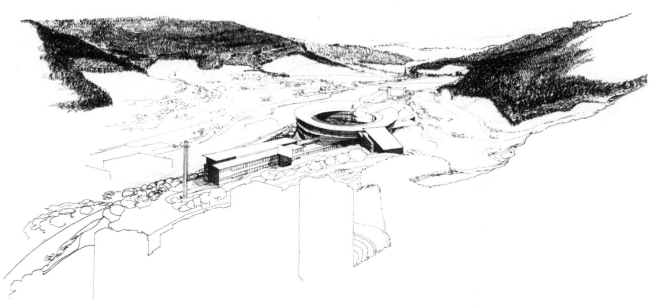

图 2-28 精细的线条（图片来源：《德国手绘建筑画》，王晓倩译，辽宁科学技术出版社）

除了单线表达之外，利用线条的肌理化处理、排线处理和线条的粗细变化还可以表达形体的明暗关系和空间关系。这个时候，线稿的绘制就需要绘图者在有一定素描功底的基础上加强概括能力。

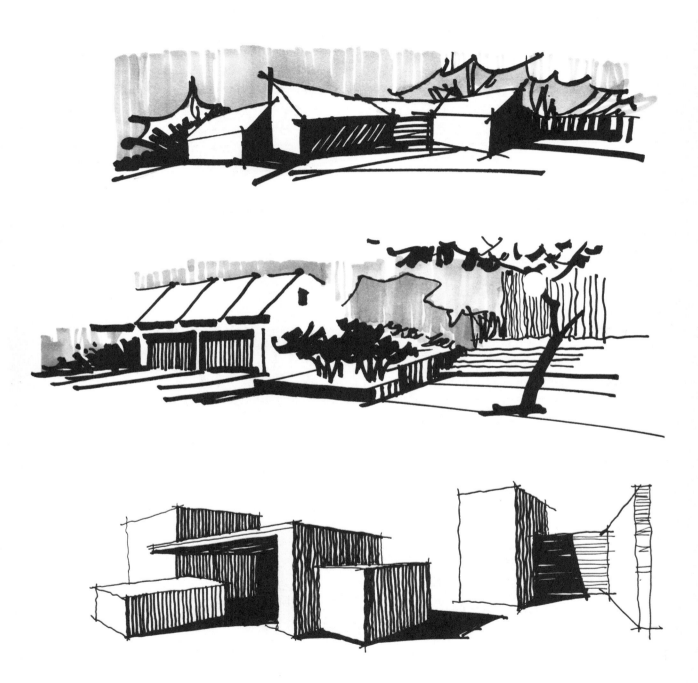

图 2-29 线条＋块面组合黑白灰关系

课题练习：同一设计图，不同风格线条的表达

　　单纯的线条练习和尝试可以使学生增加线条感觉，但是将线条练习落实到真实的绘图中去更为重要。让学生在临摹或写生的时候，尝试不同风格的线条表达，从而体会线条的个性，以及不同线型在不同阶段的应用。

　　在同一个空间中，不同的元素可以尝试不同的表达方式，比如可以用轮廓法、剪影法或细节法、阴影法等。在疏密之间寻找线条的节奏感。

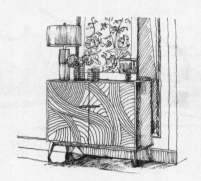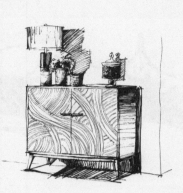

（a）边柜的不同线条表达练习

（b）单人沙发的不同线条表达练习

（c）梳妆台的不同线条表达练习

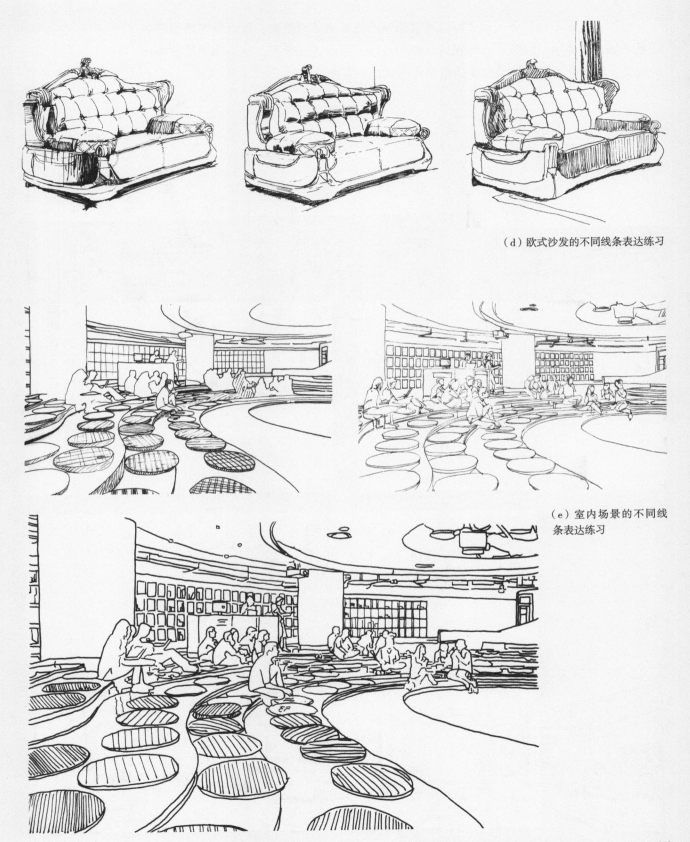

（d）欧式沙发的不同线条表达练习

（e）室内场景的不同线条表达练习

图 2-30 同一空间的不同线条练习（绘图：陈昭萍、吴乐怡、闵昱玮、王奕扬、苏银莹）

　　餐饮空间的不同线条表达，可以通过果断的线条来体现结构，可以适当增加暗部线条来体现立体感。线条可以体现折线感的设计、加强透视效果，或是体现某些特殊的材质。个性化的线条还可以表达出设计的风格和意蕴。

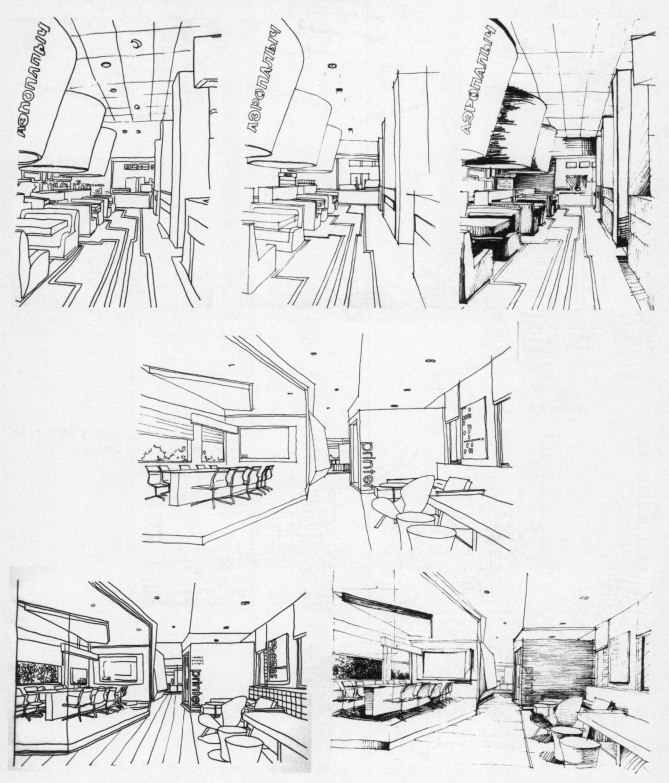

图 2-31 同一空间的不同线条练习
（绘图：陈昭萍、吴乐怡、闵昱玮、王奕扬、苏银莹、潘尤琪）

配色的技巧

空间配色的手绘表达

（1）色调对空间的影响

色彩改变不了空间本身，却能改变人们对于空间的感受。环境空间设计如同其他视觉艺术，色彩搭配非常重要。每一个空间都应当拥有自身独特的色调。比如强烈的暖色调空间给人以热情洋溢的感受，冷色调空间则给人以冷静肃穆的感受；饱和度较低的色调空间给人以温和舒适的感受，饱和度高的色调空间则让人感觉热烈兴奋。色调本身没有对错，关键要应用于适合的功能空间，体现不同的空间气质。除此之外，色彩与空间组织息息相关，比如可以通过不同的墙面刷色来区分不同的功能空间；可以通过走廊或楼梯的色彩变化起到引导方向的作用。这些色彩搭配的方法需要学生在色彩构成课程的基础上进行知识拓展和灵活应用。

图 2-32　同一空间不同色彩

（2）强化性色彩的表现

一般来说，手绘空间的色彩表现应当如实表现真实空间的色彩搭配，让观赏者能够对设计效果一目了然。但是，手绘表现还具有表达设计意图的作用，比如刻意运用鲜艳强烈的色彩强调某一部分设计内容，甚至所绘色彩只是为了强调，而非本身固有色，其他部分则简化处理。这种技巧在手绘图纸中十分常用，但一般都不作为最终效果图。

图 2-33　某一区域强化色彩（绘图：施文倩、朱佳倩）

（3）留白的处理

　　和强化色彩异曲同工之妙的是留白的处理方法。留白的部分可以是强化的部分，也可以是弱化的部分，这种画法在许多分析型效果图中十分常用。

图 2-34　乔木的留白（绘图：倪佳琪）　图 2-35　人物的留白（绘图：怀忆文）

不同色彩工具的上色技巧

手绘图纸上色技法和上色工具十分相关，不同工具的用法各不相同，目前最为常用的手绘上色工具有马克笔、彩铅和水彩。表2-3就不同工具的特性进行比较，设计师可以根据不同需求或自身所长进行选择。

表2-3　常用上色工具特性比较

工　具	工具特质	质感表达	绘画耗时	学习难易度
彩铅	笔触细腻、过渡柔和	木质感、园林绿化、布艺、毛绒等质感	绘画时间较长	较易掌握
马克笔	笔触干净爽朗、层次清晰	金属、玻璃、反光台面质感	快速表现	较易掌握
水彩	色彩丰富生动、笔触灵活多变	各种质感	绘画时间可根据需求而定	较难掌握

（1）马克笔上色技巧

马克笔是手绘上色最为常用的工具，马克笔的品牌众多，其色号选择也非常多。马克笔分为水性马克笔和油性马克笔，这两种马克笔有各自的特点：水性马克笔笔触比较干脆分明；油性马克笔的色彩相对比较温润，笔触融合性较强，但是容易在纸上化开（特别是新笔）。要根据所绘制对象的具体需要来选择使用油性还是水性马克笔。

① 马克笔的排笔刷色方法

● 一般运用连续刷色的方法，刷色要尽量果断快速，这样颜色比较均匀，并且能体现出马克笔的特质。

● 可以通过不同颜色或不同明度的马克笔互相衔接来进行渐变刷色，在刷色过程中要注意颜色的过渡区域的笔触要重叠，以保证过渡得柔和自然。

● 排笔的方向要遵循所绘物体的结构走向，偶尔可以变化一下笔触，或者在排笔的时候适当留白，以显活泼。

图2-36　油性马克笔与水性马克笔

图2-37　马克笔的排笔刷色方法

② 马克笔上色步骤

● 首先，分析色调，选择适当颜色进行搭配（可以在草稿纸上试画）；其次，分析画面的黑白关系，选定深浅颜色。

● 从物体的灰部固有色开始上色，通常灰部只需要铺一遍颜色。

● 暗部可重复铺色，也可以用深色马克笔在明暗交界线处着重强调。

● 亮部只需要用淡色马克笔随性地刷几笔即可。

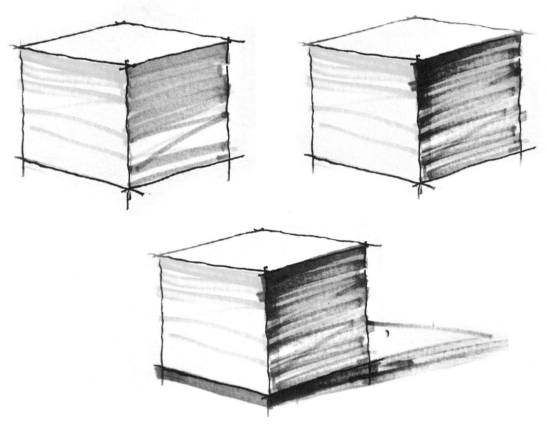

图 2-38　马克笔的刷色步骤

马克笔上色的注意要点：

　　在室内手绘中，灰色系列是马克笔最为常用的系列，一般以淡灰或中灰为主；在景观手绘中，除灰色系列外，绿色系列也十分常用，其他高纯度的颜色往往用在点睛之处。

　　新买的马克笔颜色会化开，适合于整块需要均匀涂色的部分；快干的马克笔能画出变化的枯笔笔触，在表现树干、反光质感强烈的部位不失为好帮手。

（2）彩铅上色技巧

彩色铅笔的品牌也有好几种，有的时候一种品牌旗下的彩铅也分多个档次，例如辉柏嘉有红盒、蓝盒、绿盒等。彩铅色号也很丰富，可选择范围很大。按照彩铅属性来分，可以分为蜡性的和水溶性的。蜡性彩铅的上色效果接近于蜡笔，而水溶性彩铅的上色效果则更接近于普通铅笔的感觉。绘制手绘图纸常用的是水溶性彩铅，因其效果细腻，并且可以和其他上色工具的笔触融合（如水彩或马克笔等）。

图 2-39 彩铅工具

① 彩铅的排线上色方法

彩铅的运用相对于马克笔来说更为简单，容易上手和控制。彩铅排线时一般将笔倾斜，用笔尖的侧面上色，这样柔和均匀；但是遇到需要着重强调和精细刻画的区域时，可以采用笔尖来绘制。

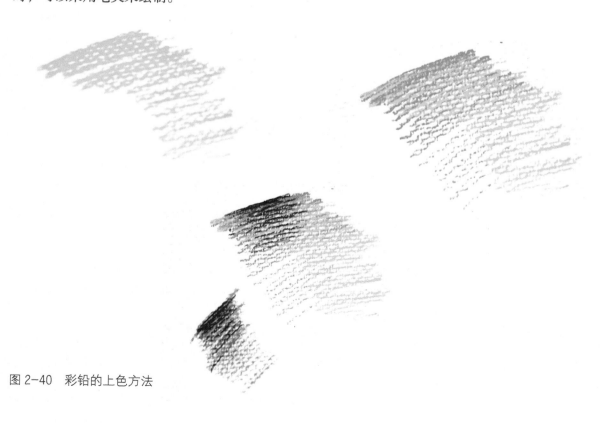

图 2-40 彩铅的上色方法

②彩铅的上色步骤

彩铅的上色步骤和马克笔有所相似，也是需要首先分析色调和画面黑白关系，其次从画面的淡色部分开始上色，然后过渡到灰部，最后画暗部和投影。

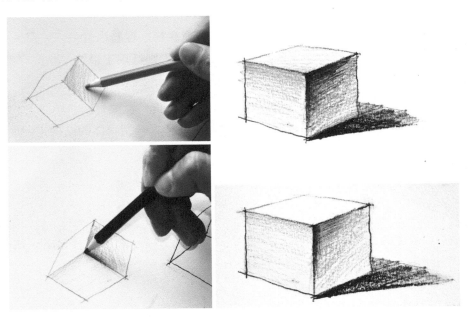

图 2-41　彩铅的上色步骤

（3）马克笔和彩铅组合上色技巧

马克笔笔触爽朗，但有时候略显生硬；彩铅相对于马克笔来说笔触过渡柔和细腻，但比较耗费时间。因此，当下许多设计师都选用马克笔＋彩铅组合上色。上色技巧如下：

● 首先，用马克笔铺大色块及最暗的部分，确定整幅画面的基调。

● 然后，采用彩铅绘制需要柔和过渡之处或表现特殊纹理的地方，使得局部更具有细腻的质感。

● 马克笔色彩表现不够精准之处也可以通过后期的彩铅增色进行调整。

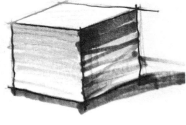
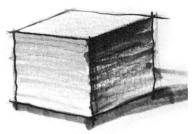

图 2-42　马克笔＋彩铅上色技巧

图 2-43　马克笔＋彩铅上色案例

（4）水彩上色技巧

水彩上色相对于马克笔和彩铅来说，工具的准备较为复杂，需要准备不同型号的水彩笔、颜料、专业水彩画纸等。水彩颜料和纸张的差异都会影响最终效果。水彩工具的掌握难度也比其他工具略大一些，但其效果往往出乎意料，容易出彩。一般来说，马克笔运用于手绘快速表现，而水彩则运用于最终效果图的绘制。

图2-44　水彩工具

① 水彩的运笔方法

水彩的运笔方法比较灵活多样，笔触一般根据绘制物体的结构走向而定，将颜料溶于水，要注重水的比例。

（a）湿画法的笔触

（b）干画法的笔触

图2-45　水彩的运笔方法

② 水彩的裱纸方法

当绘制大幅作品，并且需要进行湿画法作画的时候，用水裱画纸可以防止画纸变皱，水分聚集等问题。图2-46步骤是水彩裱纸的过程。

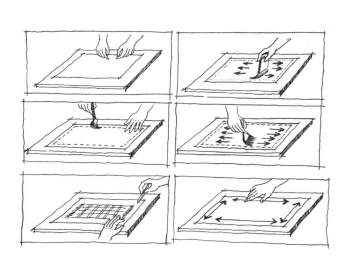

图2-46　水彩的裱纸方法

③ 水彩的上色步骤

水彩的上色步骤和马克笔类似，初学者可以从浅色到深色入手。但是水彩的笔法相对来说比较灵活，要注意水量的控制，画错的地方在未干之时可以进行修改。在手绘图纸中，水彩常常与钢笔一起运用，形成钢笔淡彩的效果。这种画法有利于突出设计的形式结构。

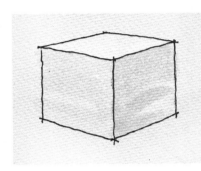 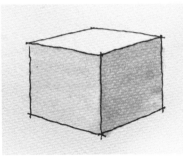 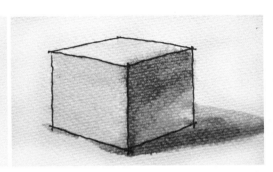

图 2-47 钢笔淡彩的上色步骤

（5）其他工具上色技巧

① 高光笔

高光笔是点高光之用，有时可以用修正液代替。其应用是在画面最亮最需要突出之处略点一二，起到点睛之笔的作用，切忌滥用。

② 色粉笔

色粉笔效果比较柔和，但是掌握难度比较大，劣质的色粉笔容易掉色。一般白色或浅色的色粉笔运用较多，用于提亮画面的亮部。

③ 蜡笔

蜡笔也可以作为辅助上色工具，甚至可以和马克笔互相结合，弱化马克笔的条状笔触，但是目前行业内不常用。

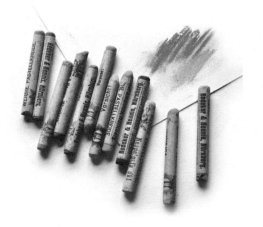

图 2-48 蜡笔和色粉笔

课题练习：**空间色调练习**
——同一线稿，不同色彩，不同工具

有的时候为了研究不同的空间配色的效果，可以将确定的线稿复印多张，进行不同色彩搭配的尝试。在初学阶段，也可以运用这个方法进行上色训练，甚至运用不同的工具，或者复印在不同的纸张上上色。

图 2-49　沙发的配色尝试

在复印的多张手绘图上进行色彩上色，可以推敲不同的色调，如暖色调、冷色调、灰色调等，不同的色调带来的情感体验是完全不同的。

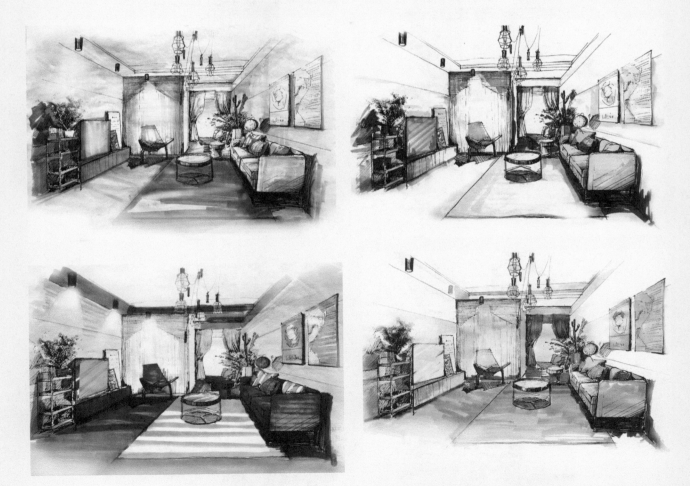

图 2-50　客厅的色调练习（绘图：苏银莹、张旭蓓、吴乐怡、陈昭萍、谈诚璿、顾辰妍）

　　卫生间相对于客厅来说，在色彩的
选择上具有一定的局限性，一些局部色
彩的改变也能影响整个色调。

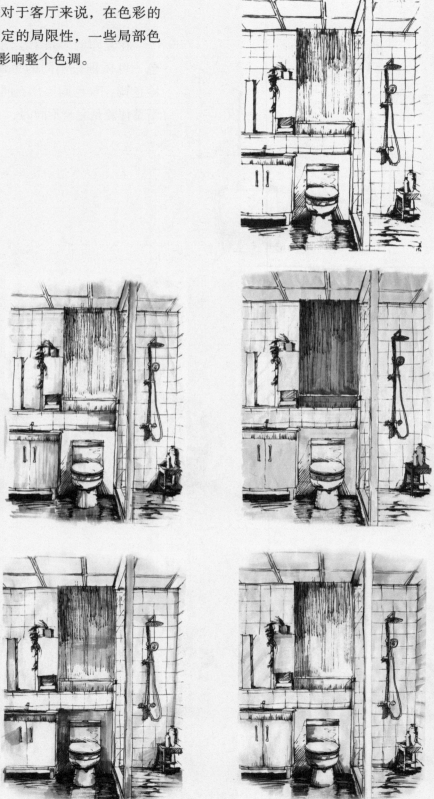

图 2-51　卫生间的色调练习（绘图：吴乐怡、陈昭萍、何彧凰）

电脑的介入

电脑——让画面更丰富

在第一章关于手绘风格的内容中阐述了计算机融合手绘的表达，这也是目前设计行业的实际项目中常用的方式。一般来说，电脑介入可以分为两类：一类是先手绘后电脑，另一类是先电脑后手绘。不论是哪一类，其目的都是更好地表现方案。

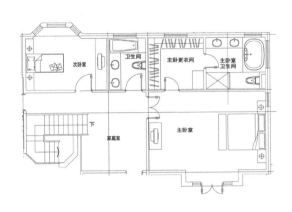

电脑线稿—手绘上色

先电脑后手绘的方式是将电脑的"精准"优势和手绘的趣味感进行结合。可以应用于平面图、立面图、效果图等图纸的绘制。

（1）平、立、剖面图中的应用

可以先在 AutoCAD 中画出精准的平面图或剖立面图，然后打印多份，在打印稿上上色。这样可以保证尺寸的精确，并且尝试多种上色效果。

图 2-52　电脑线稿—手绘上色在平面上的练习（绘图：赵怡琳、袁佳怡、庄佳怡）

电脑软件绘图可以保证形态和尺寸的准确性。在此基础上进行手绘上色，不仅可以推敲多个色彩搭配的方案，还可以使画面呈现灵动的手绘风格。

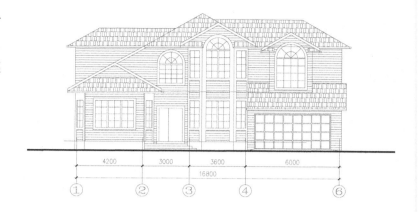

图 2-53　电脑线稿—手绘上色在立面上的练习

手绘上色之后可以扫描到电脑中进行进一步的处理，以达到理想效果。这种电脑—手绘—电脑的方式也是现在许多设计公司常用的出图方式。

图 2-54　电脑—手绘—电脑上色在立面上的练习（绘图：顾辰妍、钱嘉雯、沈秋月）

手绘线稿—电脑上色

这种方式特别适合空间透视图，首先进行手绘线稿的绘制，然后扫描，并且把扫描后的图片文件拷贝入电脑，用 Photoshop 软件填色处理。Photoshop 上色比马克笔或水彩更易修改，且色彩的选择范围也更大。另外，Photoshop 还可以添加材质贴图，例如加入真实的天空照片或墙面材料照片等素材，使最终效果灵活多变，不拘一格。

如图 2-55 所示，同一个餐厅空间，不同的色调处理可以营造完全不同的风格。

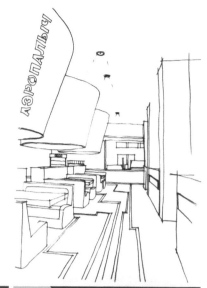

图 2-55　室内手绘线稿—电脑上色练习（绘图：蔡瑶琦、潘尤琪）

家居空间的设计也同样可以用电脑软件来推敲色调方案。

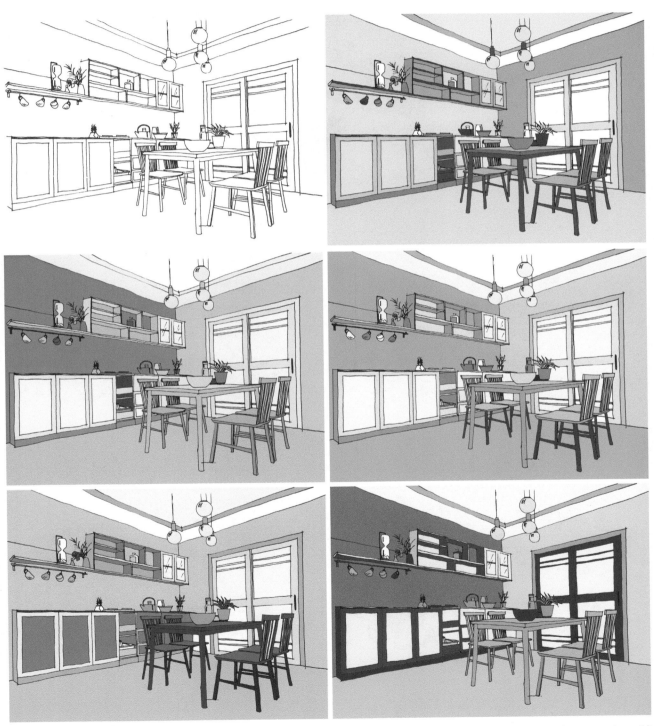

图 2-56 室内手绘线稿—电脑上色练习（绘图：蔡瑶琦、潘尤琪）

在景观空间中，可以通过软件调色来研究不同植物的色彩搭配效果，也可以表达出同一组植物在不同季节的色彩呈现。

图 2-57　花园手绘线稿—电脑上色练习（绘图：吴乐怡）

在花坛设计上，通过软件色彩的更替可以直接表达花草的选择和应用。

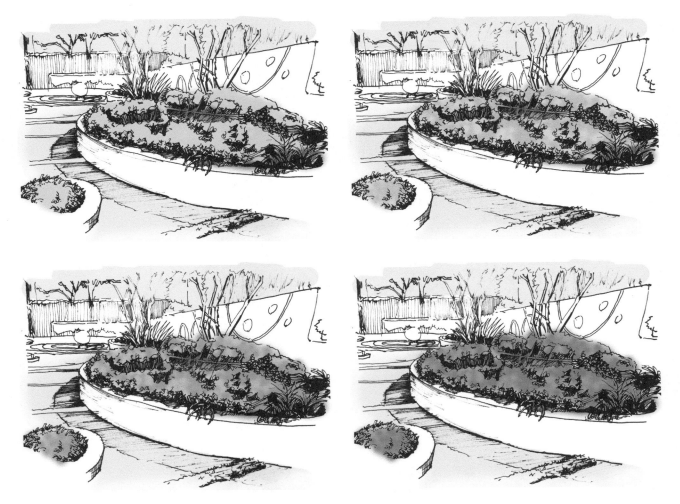

图 2-58 花坛手绘线稿—电脑上色练习（绘图：吴乐怡）

电脑打印后的多方案手绘

电脑打印基地图之后再进行手绘是另一种常用的手绘与电脑结合的方式。这种方式特别适合多方案的平面图绘制，尤其是当基地图较为复杂时，复印多张基地图来进行方案推敲可以大大提高作图效率。

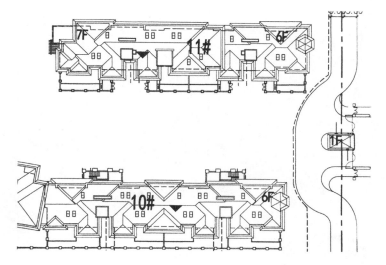

（a）打印后的基地图

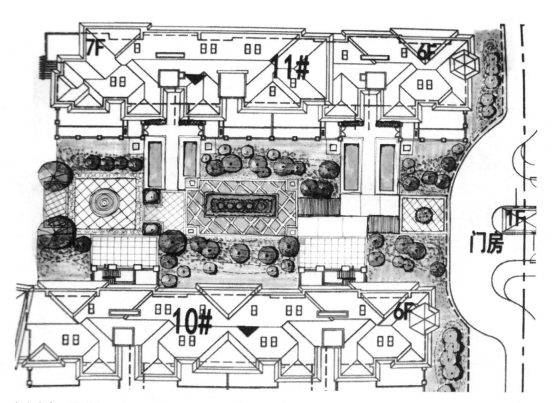

（b）方案一平面图

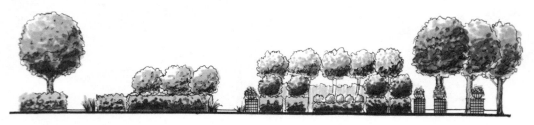

（c）针对方案一绘制立面图

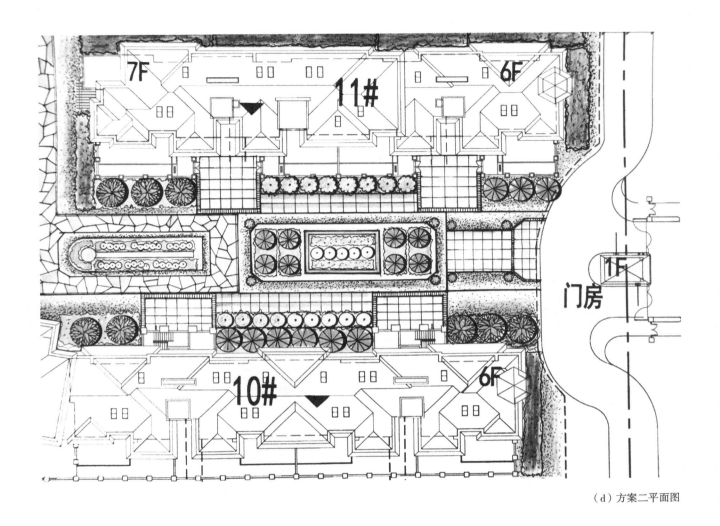

（d）方案二平面图

（e）针对方案二绘制的效果图

图 2-59　基地图电脑打印后的多方案手绘（绘图：乔彦、张嘉）

手绘板绘制

电子手绘板也是一个不错的辅助工具。它可以模拟手绘的笔触和线条感，同时又利用电脑上色软件的优势——色彩选择范围大且容易反复修改，制作不同的效果。如果应用得当，手绘板可以挖掘更有创意的表达方式，提升工作效率。

图 2-60　手绘板绘图

但是，手绘板的绘图体验和真正的纸张绘图还是有所不同，所以作为初学者，图纸手绘练习才是关键。只要打好深厚的手绘基本功，其他形形色色的表现方式便只是一个融会贯通的过程。

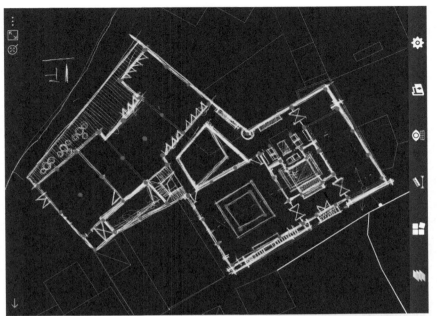

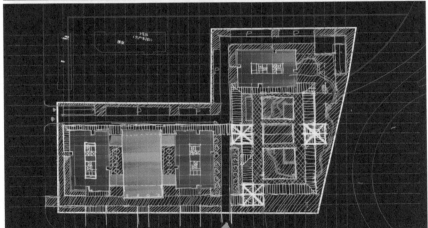

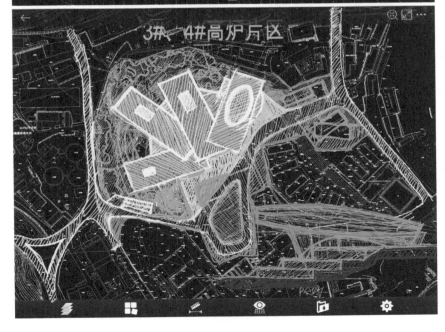

手绘板的一大优势就是可以直接在电子基地图上进行手绘，这样不仅可以省去导图和打印的麻烦，还可以保证底图清晰精准，十分方便。

图 2-61 的例图是在 AutoCAD 绘制的基地图上进行手绘的。手绘板绘图能够直接表达设计思路并实时修改，对于提高设计效率大有帮助。

图 2-61　在电子基地图上手绘（绘图：范春波）

在卫星图上直接绘图是手绘板的优势，这是打印图纸所无法企及的。如图 2-62 所示，空间概念草图就是以卫星图为底图的。

在完成了概念草图之后，手绘板还可以根据精确的基地图进行方案图深化，并上色。由于电脑软件的辅助，在绘制过程中既可以满足尺寸的实时校准，还可以呈现出手绘的感觉。

图 2-62 从概念到深化（绘图：范春波）

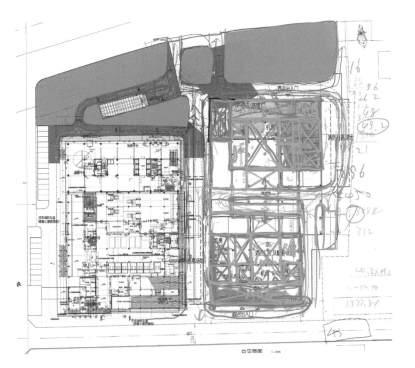

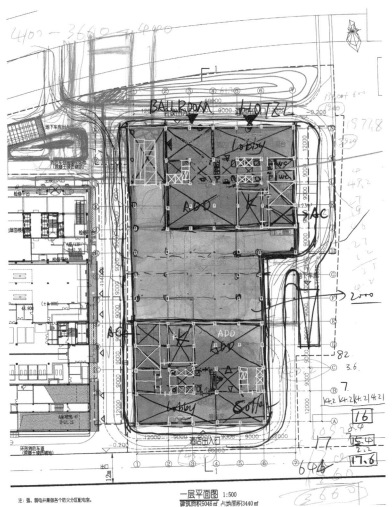

手绘板还有许多其他优势，包括多方案的推敲、细节的调整、色彩的修改等，这些都比纸质手绘要高效快速。

但是，手绘板仅仅是工具，绘图者的手绘基本功和方案设计能力的提升还是要靠纸质手绘的训练。因此，不能因为手绘板的便捷而放弃纸质手绘训练。

图 2-63 手绘方案修改
（绘图：范春波）

第三章
设计思路的表达

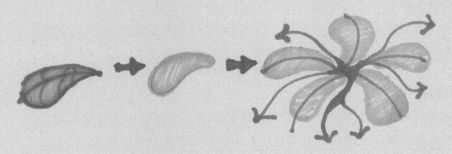

空间平面的形态概念推导

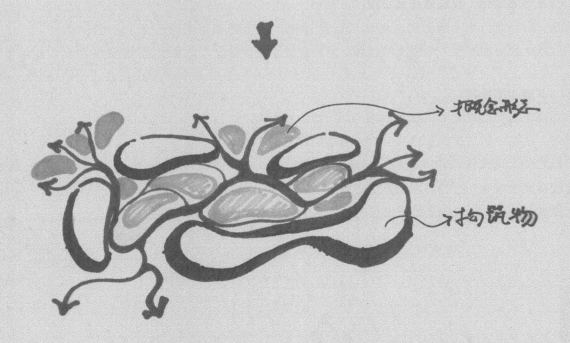

概念形态

构筑物

思维演绎——方案探索阶段的手绘表达

环境设计流程

环境设计的流程根据项目情况的不同有所不同，但一般包括以下 5 步。

（1）前期分析

前期分析是对于设计基地的历史、现状、周边情况、尺寸、高程、未来使用者需求（客户需求）等各方面的因素进行分析。这些分析的内容庞杂，但却是设计的基础，脱离这一步，所有的后续设计都无法落地。

（2）设计分析和概念形成

这一步是设计的关键，决定了设计的大方向，在这一阶段将根据前期分析的内容进行一系列策划与分析，绘制一系列分析图，推导形成设计的概念。

（3）方案草图及探讨

根据第二步的成果，形成方案草图，草图可以是平面图、立面图和透视效果图。但是这一阶段的图纸并非方案正式图纸，草图是用于设计师自身的研究，以及设计团队内部的探讨。

（4）方案深化、反复修改及定稿

这一阶段是方案不断深化、调整、沟通再调整，甚至颠覆重来的过程。它可能很顺利完成，也可能需要一个漫长的过程。但只有过了这个阶段，方案才算最终敲定。

（5）施工图阶段

完成了方案阶段之后，就进入施工图阶段。在景观设计中，还有一个"扩初"阶段，介于方案阶段和施工图阶段之间。施工图阶段完成后，设计才算基本完成，但并没有完全结束。在接下来的施工过程中，设计师往往还要参与其中，解决施工过程出现的各种问题。

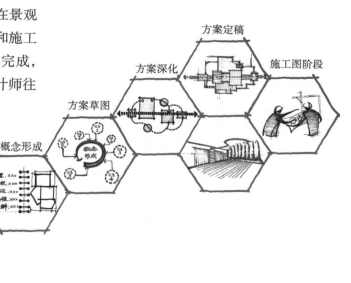

图 3-1　设计流程

手绘草图的重要性

在整个设计过程中，设计之初的几个步骤（前期分析、设计分析和概念形成、方案草图及探讨）起着决定性作用。这几个步骤决定之后的设计走向，以及整个设计是否成功。而在设计之初的几个步骤中，手绘草图起着十分重要的作用。首先，前期分析阶段往往需要现场勘察、客户沟通，草图是首选的记录方式。在接下来的概念推导和分析研究中，设计师也会首先使用手绘的方式画分析图，并进行研究及团队讨论。在完成分析之后，设计师开始方案草图的绘制。因为手绘草图最直接最快速，可以立马记录设计师的想法，并运用于头脑风暴式的讨论。对于这些工作，设计师都会在有了阶段性成果之后才在电脑里进行整理和重新绘制。

设计之初的手绘表达十分重要。它不同于正式图纸的绘制，是设计师快速地自我表达，不必遵守严格的制图标准，但必须清晰可读。

图 3-2　不同形式的草图表达（绘图：王运）

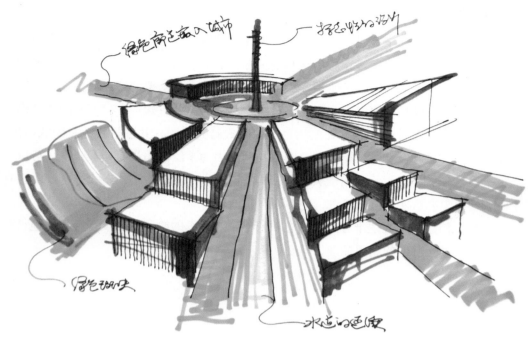

图 3-3　城市空间结构草图

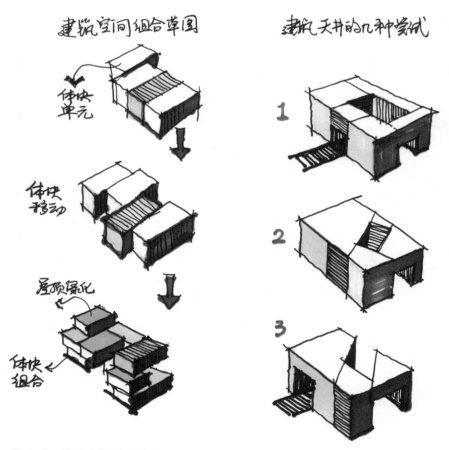

图 3-4　建筑空间组合草图

多方案草图

如图 3-5 所示的多方案草图中，方案一以直线形态为主，功能分区清晰，设计风格简洁干练；方案二以曲线形态为主，人行流畅，设计风格优雅。

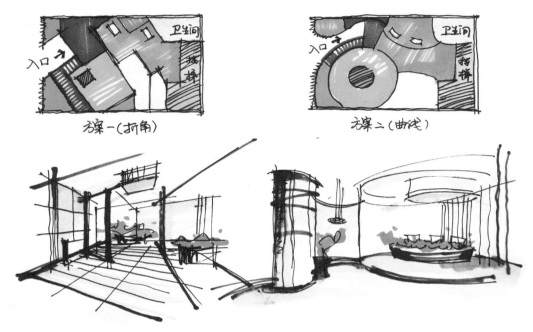

图 3-5　多方案草图

可变空间草图

室内空间可以根据不同时间段的需求进行多重设计，产生丰富的空间变化。

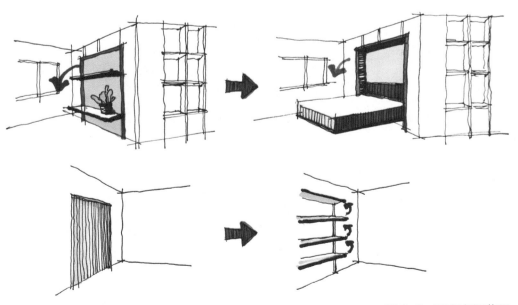

图 3-6　可变空间草图

空间细节草图

在进行初步创意草图绘制的过程中，随时记录一些局部细节的做法。

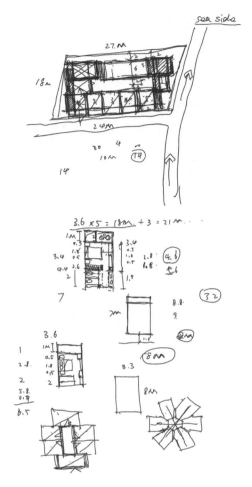

图 3-7 空间的分析

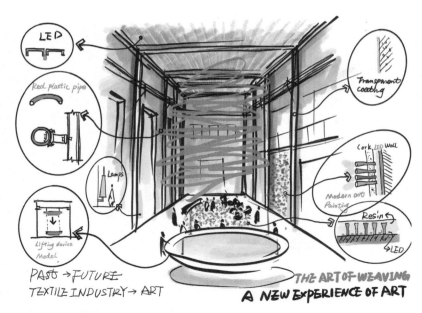

图 3-8 细节的说明（绘图：范春波）

立面图草图

根据平面图绘制立面草图，这是对竖向立面的初步探讨。

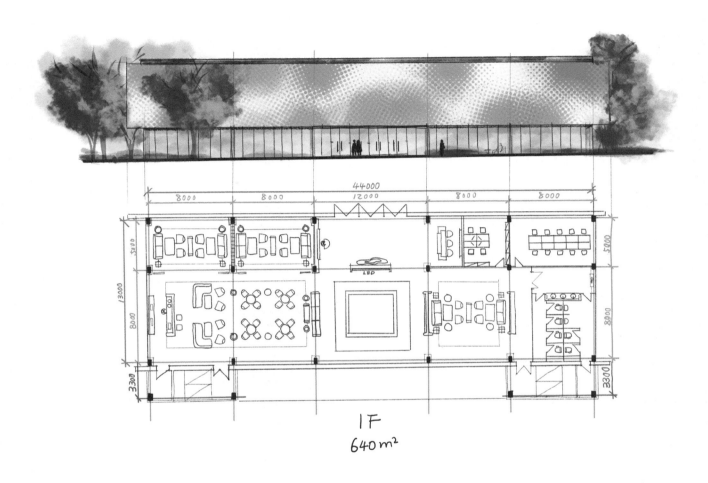

图 3-9 建筑立面图草图（绘图：范春波）

研究先行——分析型图纸的表达

　　经过了基地的现场勘察与分析，设计师便开始方案设计。但是在设计之初，往往还不能确定具体的形态，而是一些抽象的设计理念的表达，设计分析与初步规划。在此阶段，绘制一系列分析图十分重要，这是设计师自我理清思路的关键。

　　许多学生在初学设计的时候，没有绘制分析图的习惯。因为急于表达自己的创意，没有进行分析而直接绘制具体的设计形式。这是一个不理性的设计过程，容易导致设计的全盘颠覆。在完成的方案设计图纸呈现阶段，完善的分析图也十分重要，这是帮助读者深入理解设计的关键。

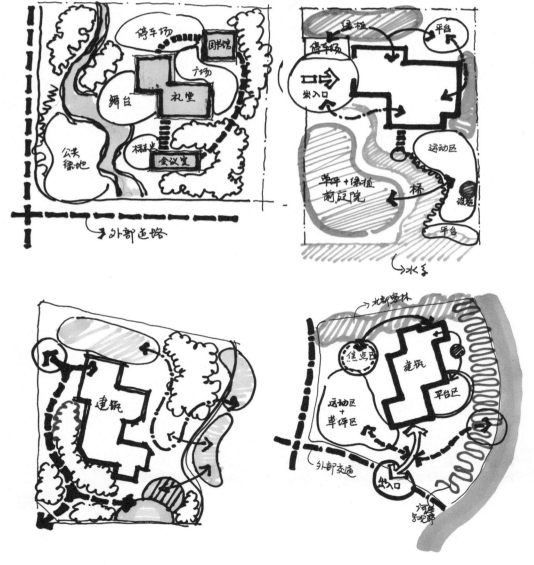

图 3-10　落笔之前的空间分析

概念分析图

概念分析图的类型较为宽泛，一般来说是设计理念和设计策略的图示表达。概念分析图可以是其他分析完成之后的总结，也可以是设计师灵感迸发之时所绘，深入探讨后逐步成熟，但它必然与之后的设计产生逻辑关系。图 3-11、图 3-12 是几种不同类型的概念构思图，它们有着截然不同的概念指向。

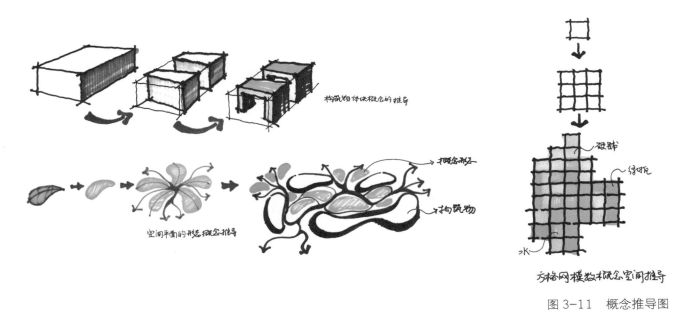

图 3-11 概念推导图

图 3-12 概念分析图

空间结构图

空间结构图是表达景观空间中各要素排列组合形式的分析图，是对空间形态结构的一种归纳。空间结构图界定出空间中的节点的重要级别、空间轴线的位置、各区域节点之间的关系。这类分析图可以是概念构思的延续，也可以是在功能分析图、交通分析图确定的基础上进行的推敲，它和其他分析图有着紧密的逻辑关系。

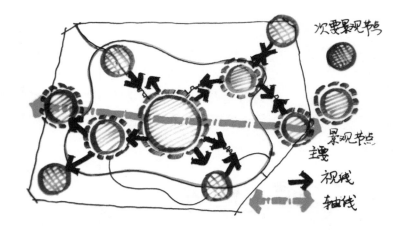

图 3-13　空间结构图

功能分析图

顾名思义，功能分析图就是分析不同功能区域排布的图纸，是十分重要的分析图。功能分析图不仅展示整体空间的排布组合，同时也展现不同子空间之间的逻辑关系。它帮助设计师从宏观层面梳理空间，和交通流线图、动静分析图挂钩，应当同时考虑。功能分析图一般采用块面涂色的方法来绘制，不同的色块表达不同的空间。

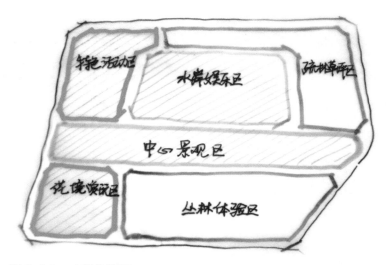

图 3-14　功能分析图

交通流线图

交通流线图是一种较为复杂的分析图。根据不同的项目，交通流线分析的内容差异很大。在一些大型的景观项目中，交通流线牵涉到车行、人行乃至航行的安排，牵涉到道路、码头、停车场的设计。在一些小型的室内项目中，也牵涉到不同人群的出行方式、必须考虑到人们活动的便利性、人际交往需求，以及互不干扰特性等。在图纸表达方面往往采用不同的线型、箭头来表达交通走向，停车场、码头等也应当使用专门的符号来进行表达。

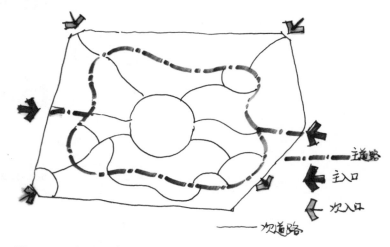

图 3-15　交通流线图

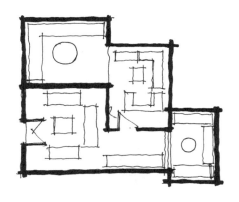

动静分析图

　　动静分析图在于分析空间的使用频率，它体现了设计对于人群活动的规划。它直接关系到空间的开敞与封闭关系，交通流线如何串联起功能区域，以及对于空间节奏的安排。因此，动静分析图也十分重要。

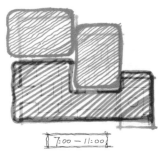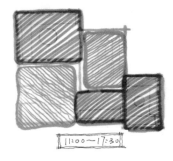

7:00～11:00　　11:00～17:30　　17:30～22:30

▨ 动区　▨ 静区

图 3-16　动静分析图

分析图相关案例

　　室内平面图分析案例如图 3-17、图 3-18 所示。

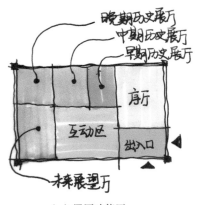

（a）展厅功能区　　　　（b）展厅交通

图 3-17　展厅功能及交通分析

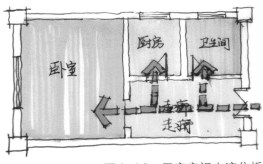

图 3-18　居家空间人流分析

景观平面图分析案例如图 3-19 所示。

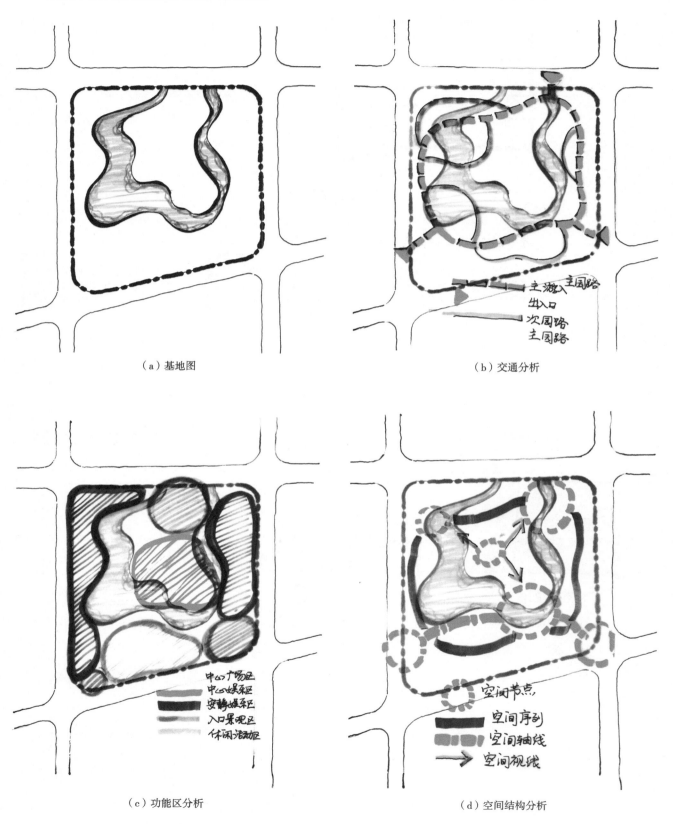

（a）基地图

（b）交通分析

（c）功能区分析

（d）空间结构分析

图 3-19　景观设计常规分析图

课题练习：室内空间实地勘察及分析图绘制

对于初学者来说，没有接触实际设计项目，不能进行分析图的实战绘制。在此之前，进行复杂室内或景观空间的实地勘察，以及功能、交通等图纸的分析绘制十分重要，这对学生空间分析能力的提高大有帮助。

▼ 上海某商场的空间勘察及分析图绘制

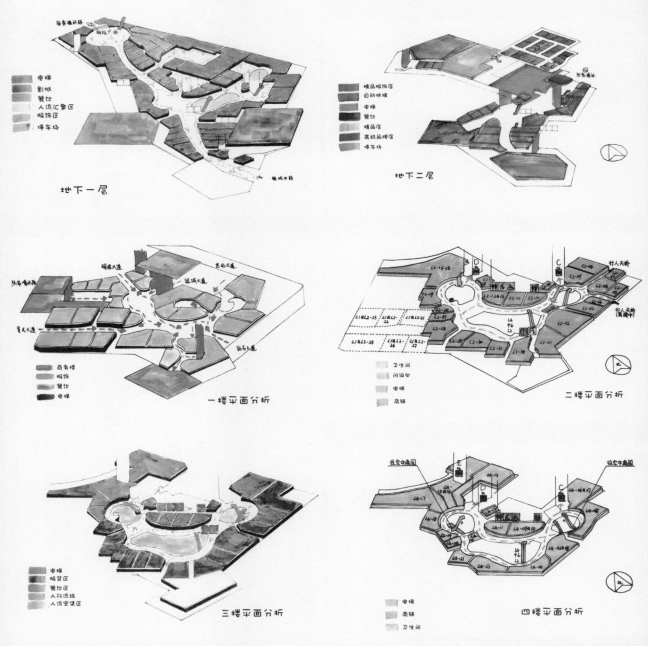

图 3-20 商场平面分析图示例

第四章
室内手绘表现

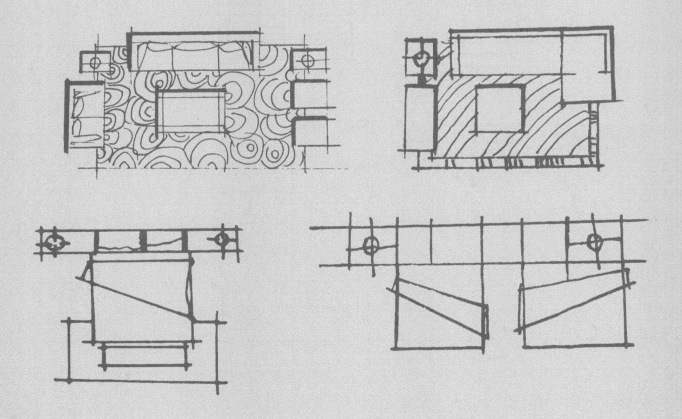

室内元素的表达

室内家具的平面画法

在室内平面图中，绘制家具的目的在于体现空间的功能和尺度，有些可以体现设计风格。因此，除了一些特殊设计的家具外，大部分家具的平面画法十分类似，具有符号属性。如图 4-1 所示是一些常规的家具平面的画法。

家具平面图的绘制手法比较简单，只要多加练习，把握好尺寸，便可掌握。

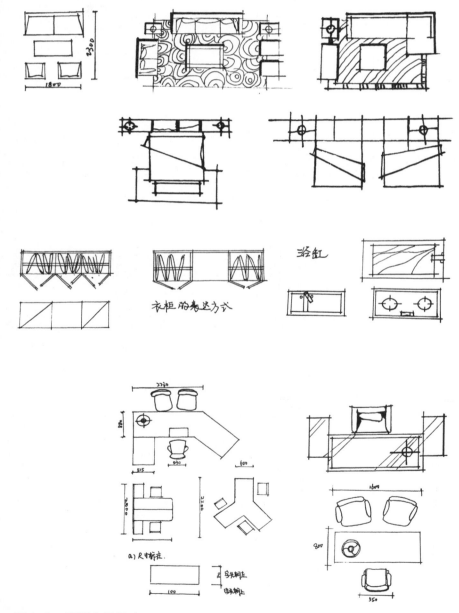

图 4-1　平面家具画法

家具陈设的透视画法

家具陈设的透视练习要从"方"开始，因为大部分的家具陈设形态都是以"方"为基础，或者是"方"的变异。其中最突出的就是橱柜和床，这都是简单方体略加润饰即可。沙发可以看成是方体＋软包，而桌椅可以看成是多个方体的复杂组合，其中椅子的样式最为多样，有些椅子造型独特，透视较难把握。因此，练习家具陈设的时候应该从简到难，建议遵从"橱柜—沙发—床—椅—家具组合—装饰性软装"的练习顺序。

（1）家具线稿的练习

在练习之前首先要注重线稿的练习，有以下 3 个方面需要注意：

● 绘制的时候首先要保证透视准确。

● 线条笔触要简练概括，细节之处要精到。

● 将材质表达的技巧融入其中，但不必过分追求写实。

图 4-2 家具线稿练习

（2）家具上色的练习

在线条练习"过关"之后，再进行上色练习，可以运用第二章介绍的复印多张线稿后上色的方法来练习。

图 4-3 家具色彩尝试（绘图：吴乐怡、顾辰妍）

（3）家具练习案例
①单人沙发

图 4-4　单人沙发色彩练习

②多人组合沙发

沙发的造型就是典型的"方"的组合，在绘制过程中，要注意整体的透视和局部小物件（如抱枕）的透视关系。

图 4-5　多人组合沙发色彩练习

③ 床及布艺

床的绘制要考虑风格和材料，在这里要特别注意布艺的绘制。一般来说，布艺绘制较为简单，概括地表达出暗部、灰部、亮部和投影即可。注意布艺绘制须过渡柔和，不能像玻璃或金属那样有生硬的高光或暗部。

图 4-6 床及布艺练习

④ 多角度椅子

椅子的造型比较多样，这加大了透视的难度。初学者可以通过多角度练习同把椅子来研究椅子的结构，加深对于这类家具的理解。

图 4-7 多角度椅子练习（绘图：吴乐怡、顾辰妍、钱嘉雯、苏银莹、沈凌云）

⑤ 各种形态和材质的座椅

多练习不同材质的座椅对加强手绘很有帮助，特别是皮质、毛绒、金属和木质等材质混合的座椅。

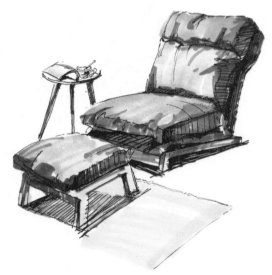

图 4-8　各种形态和材质的座椅

⑥ 陈设品

陈设品的绘制要注意简洁处理，因为陈设品并非主要物品，大部分情况下绘制陈设品只是为了烘托气氛。

图 4-9　陈设品练习

⑦ 组合家具

组合家具的绘制要注意家具之间的透视关系的准确性，家具的主次关系，以及统一性的格调。

图 4-10 组合家具练习

⑧ 厨房及卫浴家具

卫浴家具一般以陶瓷和金属材质为主，用深灰色或黑色绘制暗部，不需要柔和的过渡色，笔触要明快。如果是金属台面，要绘制出其上物体的倒影，但不要太清晰。

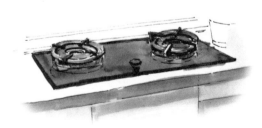

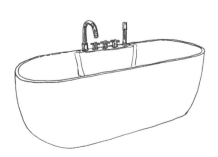

图 4-11 厨房及卫浴家具练习（绘图：吴乐怡、顾辰妍、钱嘉雯、苏银莹、沈凌云、闵昱玮）

室内平、立面的基本作图要求

平面图、立面图、剖面图是最基本的设计图纸。初学手绘的学生往往处于刚入门阶段，设计能力尚未培养起来。此时，学习平面图和立面图的目的首先在于读懂图纸含义，并在此基础上了解平面图和立面图的绘制步骤与绘图规范。

线型的基本规范

线型的基本规范如图 4-12 所示。

名称		线型	线宽	一般用途
实线	粗	——————	B	主要可见轮廓线、剖切轮廓线
	中	——————	0.5B	可见轮廓线、尺寸起止符号
	细	——————	0.35B	尺寸线、引出线、圆剖线等
虚线	粗	- - - - -	B	新建建筑物轮廓线
	中	- - - - -	0.5B	不可见轮廓线、计划预留地
	细	- - - - -	0.35B	原有物不可见轮廓线、图例等
点划线	粗	—·—·—·—	B	见有关专业制图标准
	中	—·—·—·—	0.5B	见有关专业制图标准
	细	—·—·—·—	0.35B	中心线、对称线、定轴线等
双点划线	粗	—··—··—	B	见有关专业制图标准
	中	—··—··—	0.5B	见有关专业制图标准
	细	—··—··—	0.35B	假想轮廓线、成型前原始轮廓线
折断线		—〜—	0.35B	断开界线
波浪线		〜〜〜	0.35B	断开界线

图 4-12 线型的基本规范

常用的室内平、立面图符号

常用的标注符号和室内平、立面图符号画法如图 4-13—图 4-15 所示。

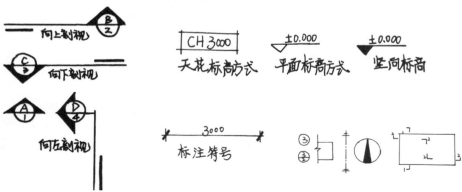

图 4-13 常用的标注符号

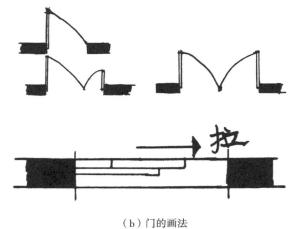

（a）窗的画法

（b）门的画法

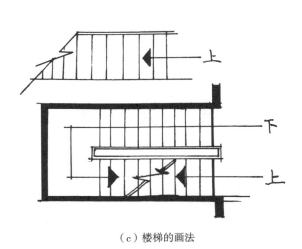

（c）楼梯的画法

（d）空洞的画法

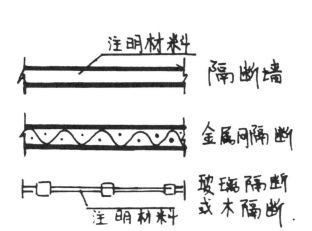

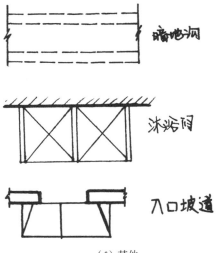

（e）隔断墙画法

（f）其他

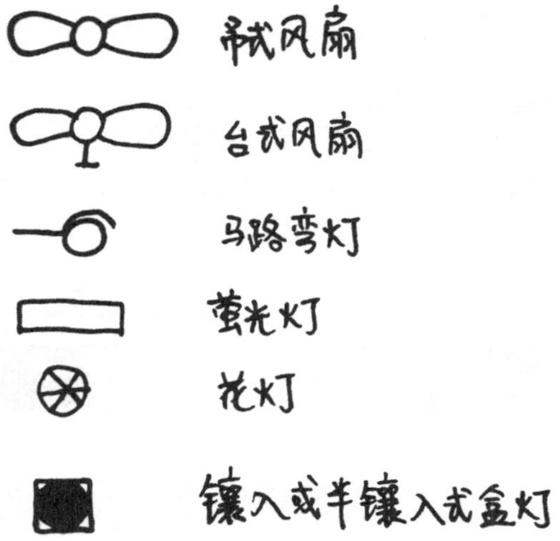

吊式风扇

台式风扇

马路弯灯

萤光灯

花灯

镶入或半镶入式盒灯

（g）灯及风扇画法

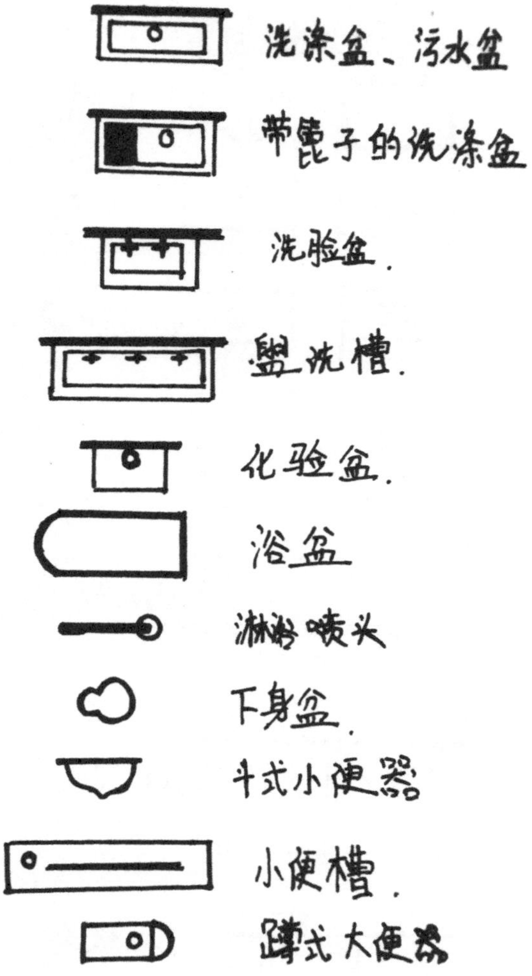

洗涤盆、污水盆

带塞子的洗涤盆

洗验盆

盥洗槽

化验盆

浴盆

淋浴喷头

下身盆

斗式小便器

小便槽

蹲式大便器

（h）卫浴类画法

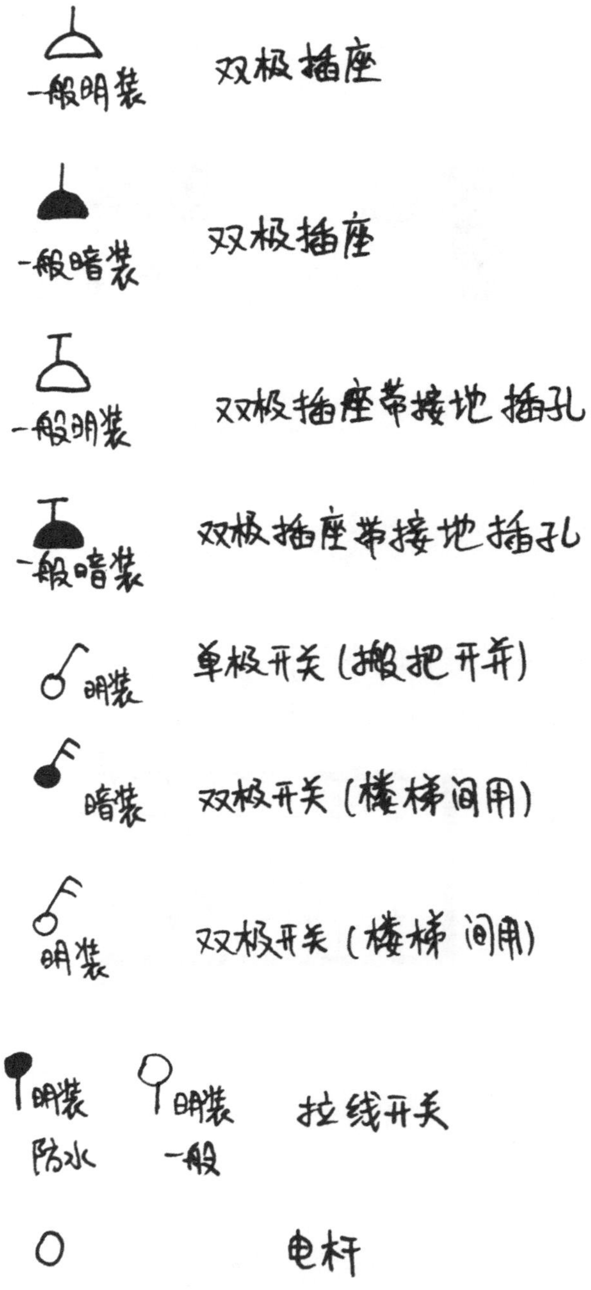

一般明装　双极插座

一般暗装　双极插座

一般明装　双极插座带接地插孔

一般暗装　双极插座带接地插孔

明装　单极开关（搬把开并）

暗装　双极开关（楼梯间用）

明装　双极开关（楼梯间用）

明装防水　明装一般　拉线开关

电杆

（i）插座画法

图 4-14　平面图常规符号

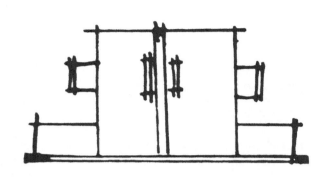

（a）门和楼梯的画法

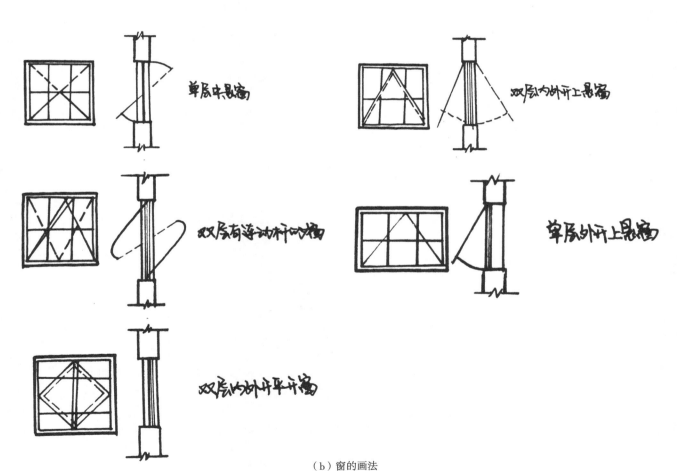

（b）窗的画法

图 4-15 立面图常规符号

课题练习一：**室内平面图临摹及上色练习**

室内平面图非常重要，包括底层平面图、标准层平面图、顶层平面图、局部平面图等类型。在绘制之前要了解基本的制图规范，包括标注、符号和线型的意义。绘制室内平面图的步骤如下：

● 确定图幅、比例、南北方向等要素。

● 绘制平面图的框架（如墙中心线）等。

● 利用丁字尺和三角板绘制墙体，也可直接手绘。

● 绘制门、窗、楼梯、管道井等重要设施。

● 绘制家具、陈设、布艺纹样等。

● 绘制相关尺寸及各类图标。

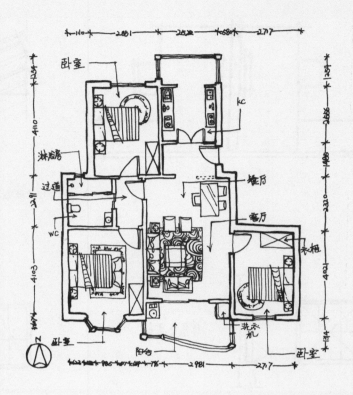

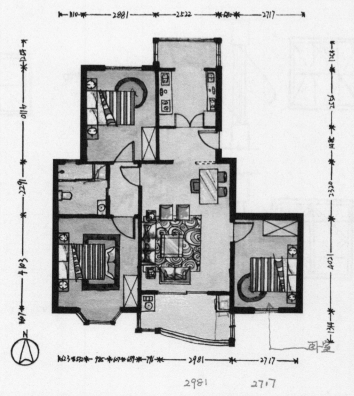

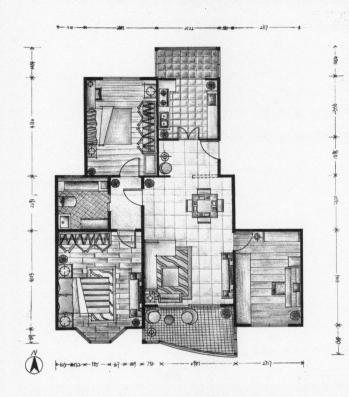

在手绘线稿掌握的基础上进行上色练习，可以选择多种画材，包括马克笔、彩铅，甚至是水彩。上色的宗旨首先在于功能区域的表达及明确各要素的关系，其次是设计图纸的整体效果。

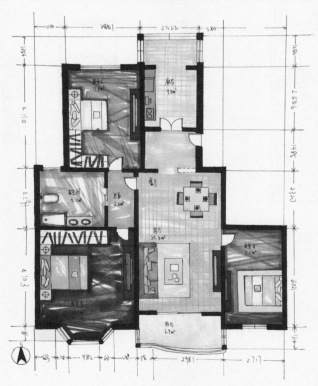

图 4-16　平面图临摹及上色
（绘图：苏银莹、庄佳怡）

课题练习二：平面图翻立面图及空间透视图

平面图翻立面图及空间透视图是锻炼初学者空间思维的重要课题。首先，学生可以临摹一些优秀的平面图，再针对平面图选择若干个表现力较强的角度来进行立面绘制，这也可以初步锻炼学生的设计能力。

（1）平面图翻立面图注意要点

初学者在绘制立面图的过程中要注意尺寸的准确性，可以借助"拉线法"绘制与平面图同等比例的立面图。待熟练之后可以根据图面表达的需要，绘制不同比例的平、立面图。

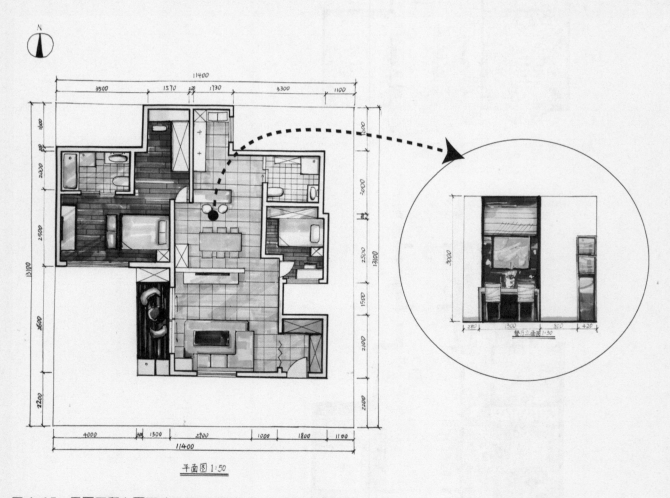

图4-17 平面图翻立面图（绘图：王佳）

（2）平面图翻空间透视图注意要点

　　初学者在绘制空间透视图之前可以先画出相应的立面图，然后再以一点透视的方式进行衍生，这样有助于空间想象。待熟练之后，可以尝试两点透视，或者平面图直接翻空间透视图。

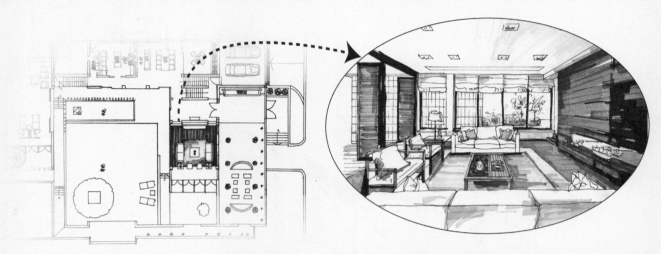

图 4-18　平面图翻空间透视图（绘图：张燨、张嘉懿、倪珂婧、曹薇）

（3）立面图翻空间透视图注意要点

　　在掌握了一定的技巧之后，可以尝试立面图翻空间透视图，并且将立面图在空间透视图中斜向侧面呈现。

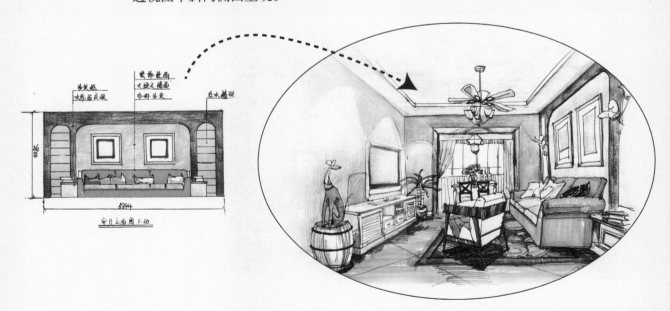

图 4-19　立面图翻空间透视图（绘图：闵昱玮）

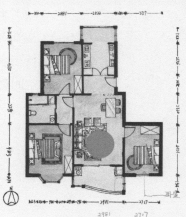

（4）平面图翻空间透视图——多方案绘制

一个角度多方案绘制不仅可以提高初学者的手绘能力，还可以锻炼其设计能力，这是比较难的课题。图4-20是客厅空间同一角度不同风格的设计，图4-21是卧室空间同一角度不同风格的设计。

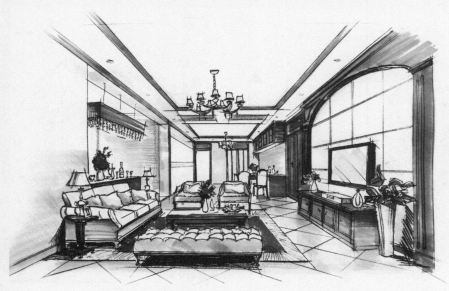

图4-20　客厅平面图翻空间透视图的两个方案（绘图：潘尤琪）

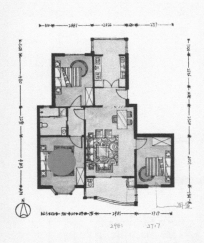

图 4-21 卧室平面图翻空间透视图的两个方案（绘图：吴乐怡）

　　图 4-22 是同一空间的不同方案，一个是书房，一个是卧室。针对不同的方案从两个不同的视角各绘制一张空间透视图。

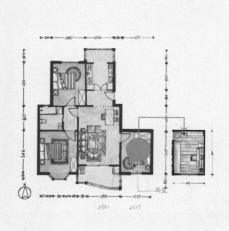

（a）书房

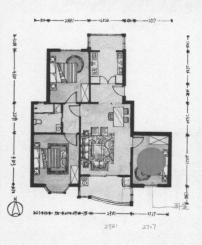

（b）卧室

图 4-22　同一空间的不同方案绘制（绘图：盛依阁、潘尤琪）

图 4-23 中次卧室平面图翻空间透视图的绘制与其他空间不同，尝试了新的风格，运用了现代简洁的元素。图 4-24 中卫生间在平面图翻空间透视图的过程中增加了一些新的设计。

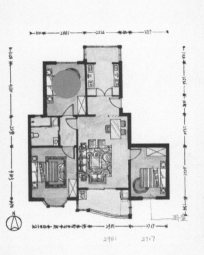

图 4-23 北卧室手绘方案（绘图：潘尤琪）

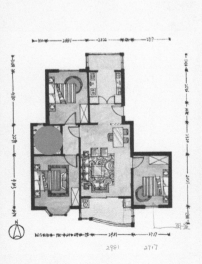

图 4-24 卫生间方案（绘图：吴乐怡）

课题练习三：经典项目调研及手绘分析

　　课题内容包括优秀项目的实地勘察，平面图、立面图的临摹，分析图及效果图的绘制，以及相关文字说明。这类综合项目对于初学者来说非常重要，不仅能提高学生的手绘能力，还是后续设计课程的桥梁。

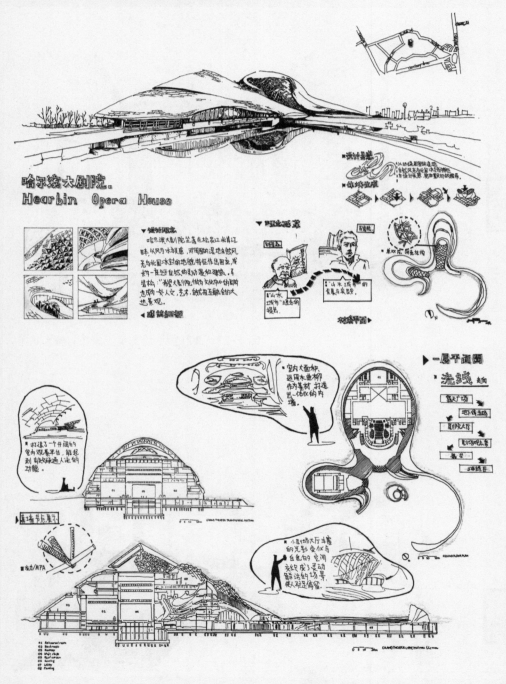

　　点评： 本案例以黑白为基础，略加简单色彩，目的在于突出重点。

图 4-25　哈尔滨大剧院的分析研究（绘图：周徐平、陈浩清、王静怡、赵诗颖）

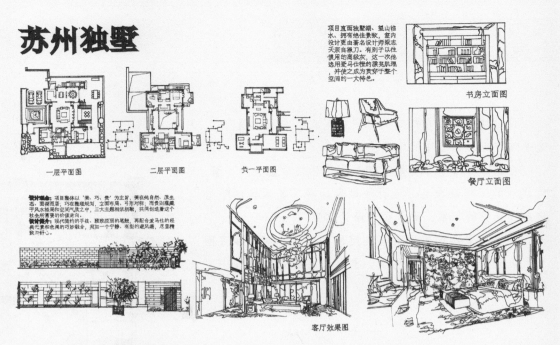

点评：本案例的手绘统一运用了黑白的风格，通过线条的疏密及粗细变化来体现主题。

图 4-26　苏州独墅的分析研究（绘图：倪天慧、张素素、苏艳、陈唯峰）

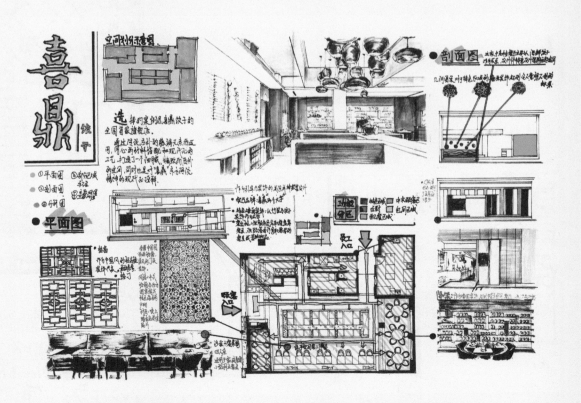

点评：本案例的分析图及局部细节图相对较多，突出设计的特点。

图 4-27　餐饮空间的分析研究（绘图：谢芷璇、施俊杰）

室内手绘快题案例

　　设计快题是指在规定的时间内完成要求的课题内容，是手绘在后续课程中的重要应用。

　　在这个环节展示快题案例是为了让初学者有所了解，为之后的课程做准备。设计快题表达并不是单纯的手绘技巧和风格的积累，更多在于设计本身。

　　以下所展示的案例具有一定的代表性，有许多可圈可点之处，但并非尽善尽美，初学者在学习的过程中要辩证地对待。

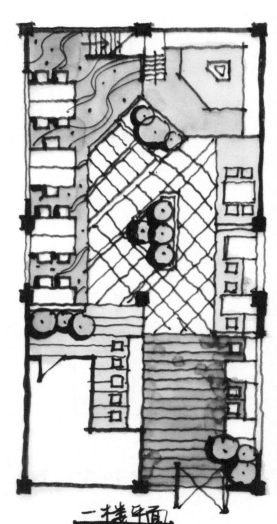

第1步：初步轮廓，所有图纸整体同步进行

第 2 步：上色，完成整体排版

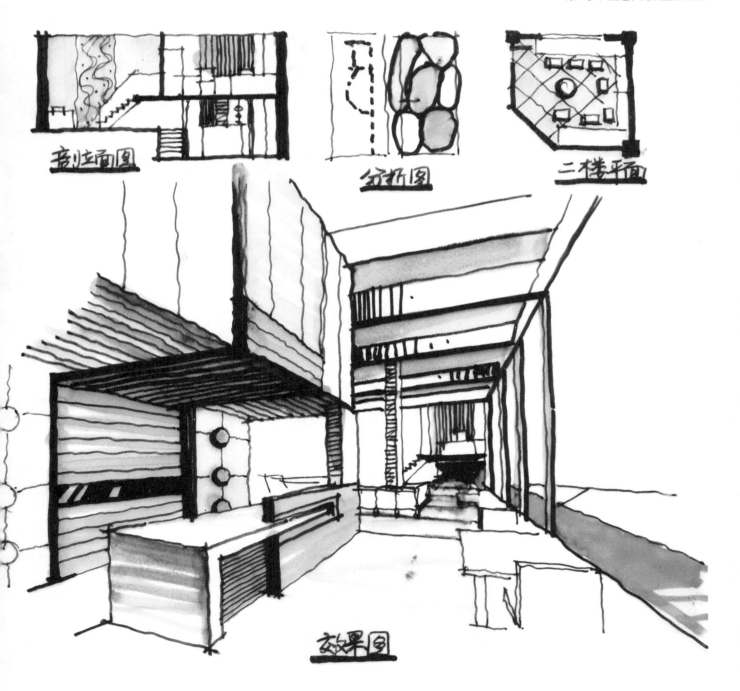

剖立面图　　分析图　　二楼平面

效果图

图 4-28　室内快题设计步骤

点评：

该设计整体感较强，功能区域层次清晰，干净利落。设计包括了丰富的分析层次，增加了整体逻辑性。透视效果图是整个快题图纸的出彩之处。

图4-29 办公室快题设计
（绘图：汤瑾、王珏沁、余佳佳、王歆昕）

办公室設計

平面布置图 1:100

天花布置图 1:100

设计说明

1. 本方案是一个18米×11米的众创空间设计，针对当代所有理想梦想、有创意的青年人，为其提供一个共享、合作、设计、发展的办公平台，为青年人在共享的大潮流里提供一个更佳的共享平台。

2. 本方案分为接待区、茶水间、卫生间、休息区、办公区、创意探讨区、资料室、总经理室、会议室、串子阁阅读区。

3. 本方案从斗拱和绳结为灵感来源。绳结意味着共享彼此和团结。

点评：

该方案层次明确，平面的路线和竖向的曲线层次一气呵成。设计主题也十分具有创意，其剖立面图是这张图纸表现的亮点。

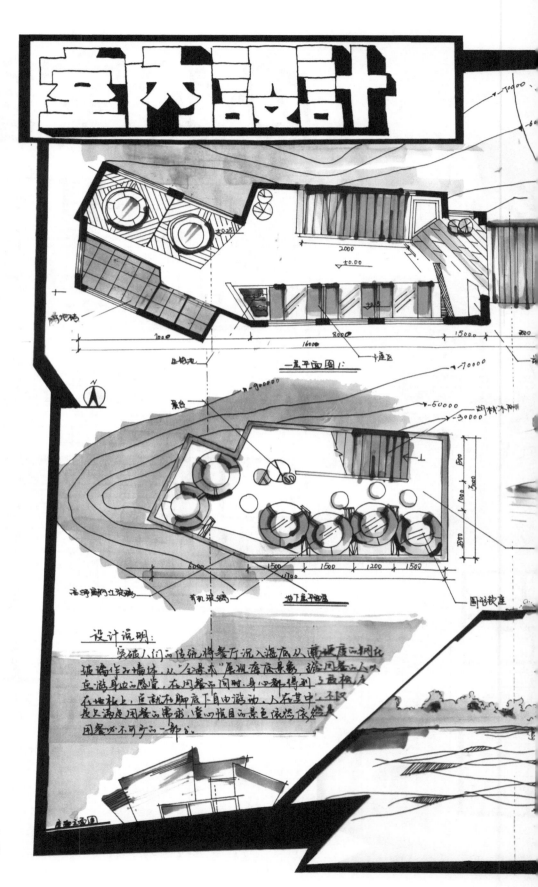

图 4-30　餐厅快题设计（绘图：宋彦婕、徐晓雯、陈明月）

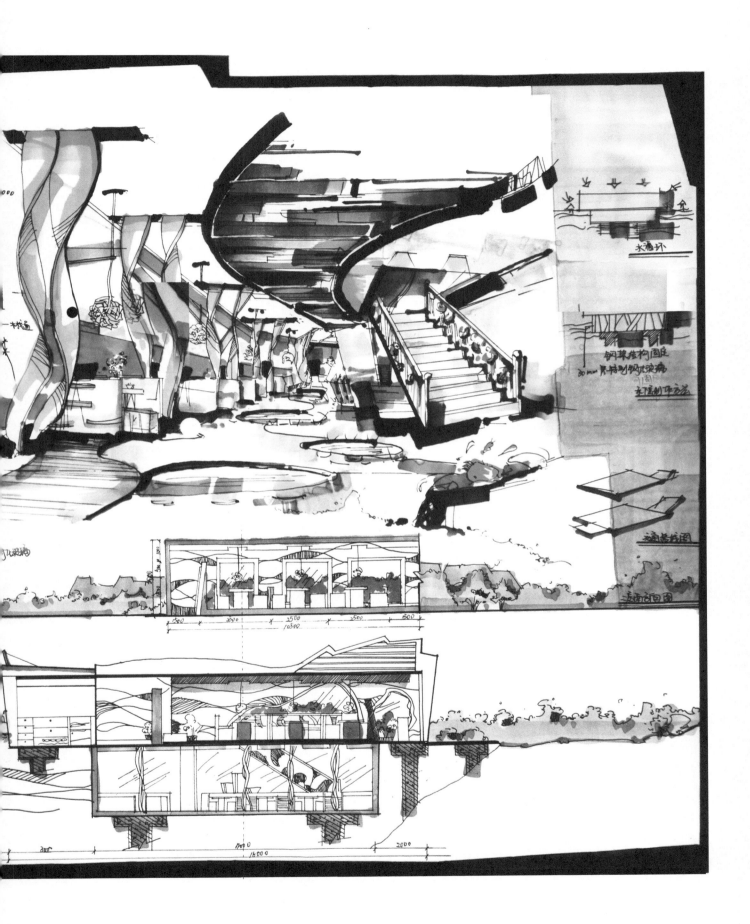

第五章
景观手绘表现

景观元素的表达

乔木的画法

（1）乔木的平面表达

乔木的平面图绘制以种植点为圆心，以乔木的树冠半径为半径长度画圆。乔木的平面图画法有许多种，一般来说，轮廓型的树木表达常用于较大尺度的设计图纸表达；较深入的图纸则会使用分枝型或者枝叶型的表达。

一般来说，乔木较高，其底下的物体（如基地地形、树池花坛、水岸石块等）从顶视图上看都会被遮挡。但是设计为了表达清晰，往往将这些内容显现出来，采用"树冠避让"手法。但是如果设计图重点在于表达乔木的布置，则不采用这个手法。

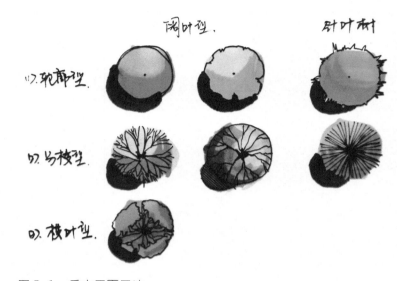

图 5-1　乔木平面画法

（2）乔木的立面及效果图表达

● 线稿：根据树形绘制线稿，乔木的线稿绘制要注意笔触的变化，表现出不同的树叶质感。有些乔木是观枝型的，可以刻意省去树叶，绘其枝干即可。

● 上色：乔木上色应当先绘制亮部和灰部，再用深色马克笔绘制暗部、树干和投影。根据树叶的形态和走向来确定笔触的形态，笔触要灵活多变。

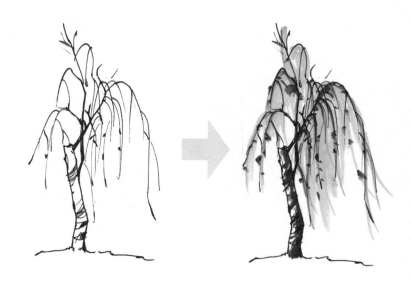

图 5-2　从线稿到上色（绘图：吴乐怡）

　　乔木的立面表达要参考乔木的树种树形而定，乔木的种类繁多，但树形大致可以归纳为圆柱形、尖塔形、卵圆形、广卵形、圆锥形、盘伞形、苍虬形等。

球形	圆形	卵圆形
展开形	展开形	
尖塔形	圆柱形	圆锥形

图 5-3　乔木的立面及效果图画法（绘图：吴乐怡、陈婵）

（3）乔木的概括表达

在一些初步方案阶段，植物的表达
只是作为一种空间要素，而不需要体现
植物的造型特点。在此情况下，概括形
的植物表达十分常用。

图 5-4　乔木的概括表达

（4）树群的绘制

　　树群的绘制要考虑色调的和谐统一，个别树可以通过对比色强调。另外，画面要将前景树、中景树和背景树的颜色及笔触区分开来。

图 5-5　不同种类植物群落搭配画法

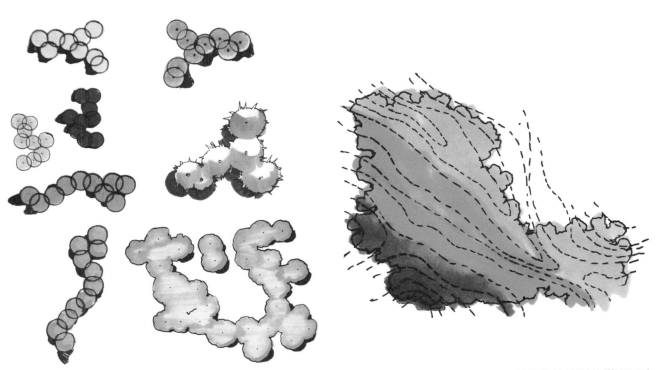

图 5-6　同种类植物群落搭配画法

灌木及地被的画法

（1）灌木的平面表达

灌木一般较乔木矮小，没有主干，因此不需要绘制种植点。但和乔木一样，可以画简单的轮廓型，也可以画复杂的枝叶型。在平面图上的轮廓线依据设计而定，其笔触可以多样变化：如杂线交错、云朵线、短折线等。

图 5-7　灌木的画法

（2）草坪的平面表达

草地在平面图中往往是留白的区域，常规画法是在靠近其他物体的区域（如植物群落边缘或建筑边缘）打点，打点要注意疏密变化；除了打点，也可以运用小短线的排列。草地的表达步骤如下：

● 线稿：在边缘区域常用小短线或杂线交错的方式来进行界定。草丛内部也可以间隔绘制短线组或者杂线组，以此来体现草丛的层次。

● 上色：上色以淡绿、黄绿居多，可以用水彩或马克笔满铺；注意铺色时候笔触融合，不宜过于明显；可以利用周围树木或建筑的阴影的笔触来体现草的质感纹理。

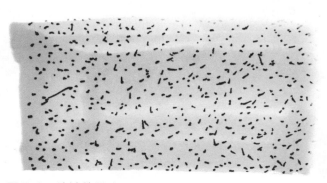

图 5-8　地被的画法

（3）灌木及地被的立面和效果图表达

● 线稿：灌木的线稿轮廓主要根据设计而定，可以是自由型或修剪过的规则型。其笔触和乔木绘制如出一辙，根据叶型来进行变化，有些花镜地被绘制时要注意画出花镜。

● 上色：灌木和地被色彩较为多样，特别是花灌木或花镜地被。其上色由浅入深，笔触交替处理。有时灌木仅仅作为陪衬时，色彩要低调处理，以突出周围物体。

图 5-9　灌木的立面及效果图画法（绘图：吴乐怡）

水及石块的画法

（1）水面的平面图表达

在平面图中，可以通过在水面中央随意绘制线条、沿着驳岸边缘绘制等深线，或绘制小船及水生植物的方法来进行水面的表达。平面图上色可以将水面满铺，也可以选择仅仅表达驳岸边缘及水波纹的色彩。颜色上可以选择各种蓝色进行表达。

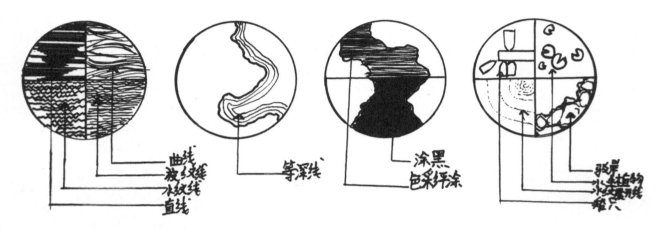

图 5-10　水面的各种表达

图 5-11　水波纹的表达

（2）石块的处理

石块的画法在于笔触的果断和硬朗。马克笔上色一般以灰色为主，特殊类型的石块（如黄石）可以用其他颜色处理。

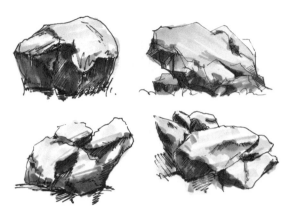

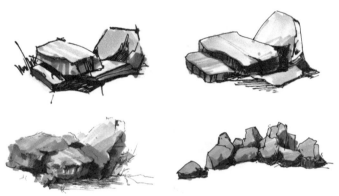

图 5-12 石块的画法

（3）瀑布、溪流等的画法

首先绘制周边的环境，如石块，再运用具有一定覆盖力的上色工具绘制水波纹。色彩以白色为主，可以辅助增加淡蓝色或橄榄绿来提升层次感。快速抖动的笔触加上点状笔触来表达湍急的水花效果。

图 5-13 瀑布溪流与石块的组合（绘图：吴乐怡、陈婵）

人物及车辆的画法

在景观中往往会绘制一些人物及车辆作为配景元素。绘制这些配景元素不仅仅是为了渲染环境，更是为了体现设计场所的尺度。因此，这些元素只是起到陪衬的作用，不宜画得过分细致。例如，人物只需要大概轮廓，不需要脸部细节；车辆的绘制重点在于其方向、轮廓造型和车轮，车辆的细节不需要绘制。

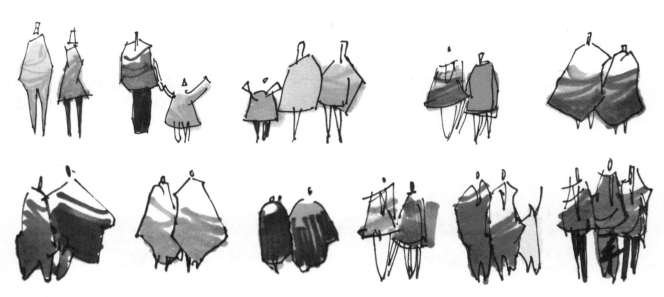

图 5-14　人物的画法

图 5-15　汽车的不同角度的画法（绘图：谈诚璠）

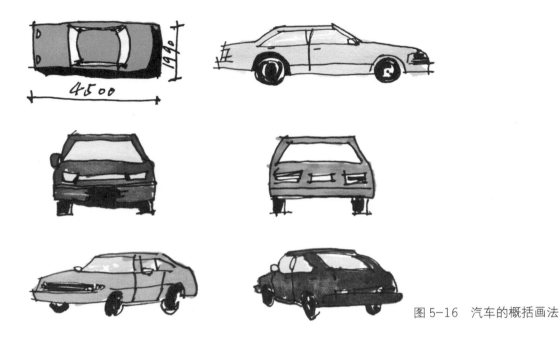

图 5-16 汽车的概括画法

铺装的画法

铺装的种类有很多，如木地板、红砖青砖、石板、花岗岩、沥青、压花水泥等。一般来说，室外的铺装多以哑光材料为主，少数为高光材料。因此，和室内地砖地板的绘制方法不同，不需要绘制大量的高光及倒影。常规的绘制步骤如下：

● 上基调色：可以根据所绘制的材料色彩大面积铺设基调颜色，一般选择含灰的柔和色。有些地面材料色彩有细腻微妙的变化（如砖块），可以用几种色彩进行混色。

● 绘制阴影：根据周围景物的位置，选择深色绘制阴影，如果地面材料是毛面的，笔触可以略带抖动；如果地面材料是光面，笔触则可以爽朗一些。

● 修饰细节：根据材料的具体情况，可以绘制图案，缝隙，细小的凹凸等细节。这些细节旨在体现材质感和花纹效果，不能影响画面大关系，否则喧宾夺主。

注意：根据具体的材料情况，第二步和第三步可以互换。

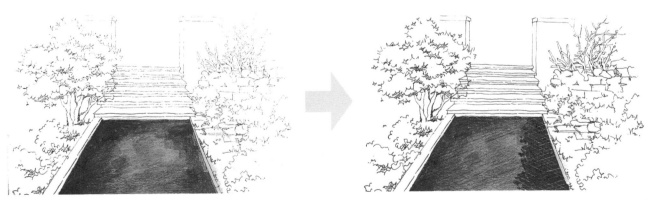

图 5-17 铺装的画法（绘图：程婧）

景观平面图及效果图

平面图的绘制步骤

第一步，要对区位进行分析，确定红线范围的尺寸，周围区域的用地性质、道路的级别等。

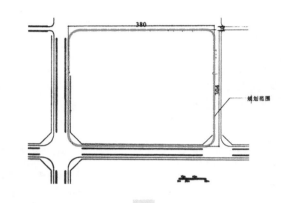

第二步，要对基地进行分析，主要针对功能、交通及空间结构进行分析。

第三步，根据功能分区、交通分析、景观结构等前期的分析图纸进行草图的绘制，先确定平面图的大体形态，包括道路的形态、各区域要素的空间形态等。

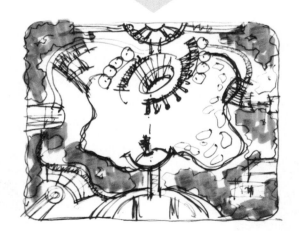

图 5-18　平面图的绘制步骤

第四步，根据草图绘制最终平面图。

第五步，进行细节元素的深化：

● 植物绘制：首先绘制乔木，然后绘制灌木和地被，最后绘制草坪。

● 铺装绘制：首先绘制大体的铺装设计图案分割线，然后绘制细节。

● 小品绘制：绘制出小品的大致平面形态。

第六步，增加指北针或风玫瑰，比例尺或图纸比例。

第七步，最后进行平面图上色。

图 5-19 最终平面图（绘图：吴乐怡）

课题练习一：平面图翻空间透视图

绘制步骤及注意要点：

● 首先研究平面图，选择若干个表现力较强的透视角度，可以先尝试画一些草稿，以便在画正稿的时候胸有成竹。

● 确定空间透视的构架，注意空间的形态、尺度及比例关系要画准确。

● 画出植物、建筑、水体、小品的大体造型。注意所绘制的要素要符合空间透视，这一步的关键在于这些要素的位置、尺度等大关系，不要画得过细。

● 细化要素，适当绘制出要素的质感、明暗关系和投影（注意要概括）；另外，可以适当增添人物或者车辆，完成线稿部分。

● 开始上色，从各要素的中间色（固有色）开始上色（注意植物的色彩层次变化，主体运用绿色，个别强调的树可以用其他颜色）。

● 绘制暗部色彩及亮部色彩。

如图 5-20 所示，同一角度可以绘制多个效果图方案。

图 5-20　同一角度多方案效果图

图 5-21 中公园主要出入口采用了圆形的空间造型，结合水景的绘制，重点位置的植物颜色采用紫色。

图 5-21　主入口效果图

图 5-22 中公园次入口运用直线的空间造型，注意前景与背景的结合。

图 5-22　次入口效果图（绘图：苏银莹、陈婵、潘尤祺）

图 5-23　整体抄绘练习

　　初学者在进行平面图学习的时候可以多临摹一些优秀作品，通过临摹，不仅可以学习优秀的手绘表达方法，还可以提升设计能力。

　　在进行平面图翻空间透视图的时候，首先要挑选重点区域进行绘制。

图 5-24　中心水池效果图

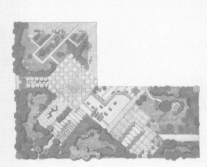

图 5-25　绿植区效果图

如图 5-26 所示，对于一些小的局部空间的手绘练习，在绘制的过程中，对于竖向的景观元素要进行深入地设计。

图 5-26　水景效果图（绘图：季佳静、谈诚璠、高敏）

课题练习二：项目实地测绘及手绘分析

学生针对自己熟悉的环境（例如学校或小区等）进行实地调研和平面图纸测绘，并且根据平面图绘制相关的空间透视图、立面图和分析图，并作文字说明。

这个课题十分重要，可以有效地提高学生直观的尺度感和空间感，并且与手绘结合起来，成为后续设计课程的桥梁。

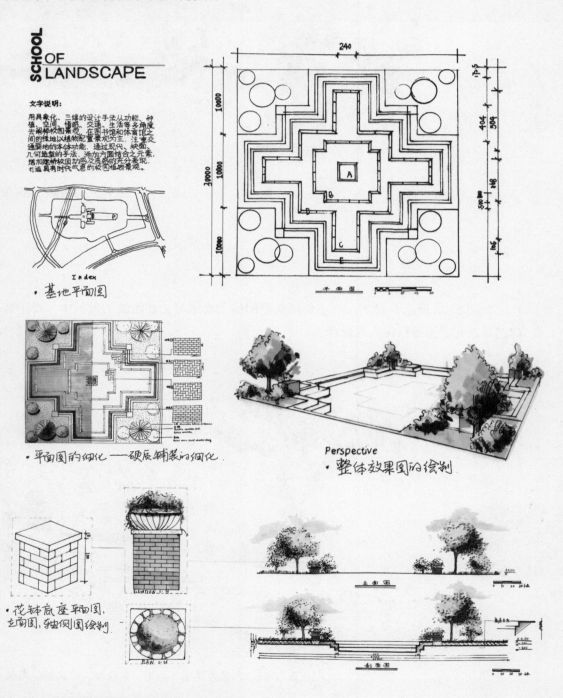

图 5-27　校园测绘（绘图：徐芸、赵海鸿）

景观手绘快题案例

本节主要展示的是针对景观方向的快题。除了快题的最终成果，还展示一些过程草图和多方案的比较。初学者可以从中把握设计者的思路过程，以及思考不同方案的优劣之处。

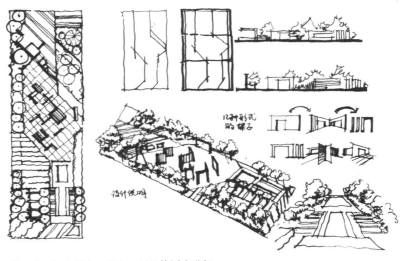

第 1 步：初步轮廓，所有图纸整体同步进行

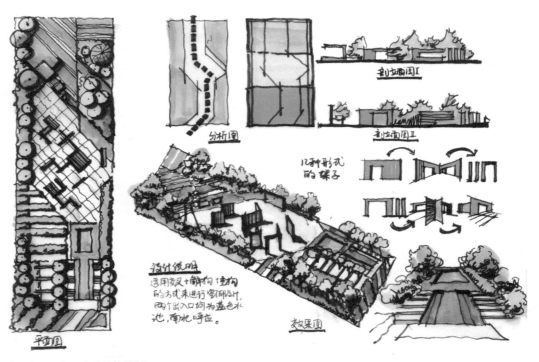

第 2 步：上色，完成整体排版

图 5-28 景观快题设计步骤

庭院景观设计

Garden design
庭院设计

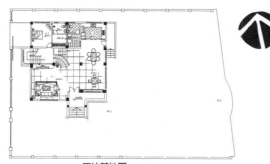

原始基地图

PERSPECTIVE

·交通及功能分区图

STREAMLINE

设计说明:

别墅的主人是一对你领域老夫妇,庭院的设计为中式风格,以这对老夫妇的兴趣品味出发,老功能分区那是一个相对独立的果观,又通过院域成为一个整体。

为了体现亲居生活的乐趣,设计单位就是水泉与种园为一体的身子,也设计了特别的石多小道和河也以观果平台。

植物的种植,老虑到合适的为了使养护打理及四季以各花们苹果的种植。

中式庭院,神充山水,对神展,于保证在有限的客间范围内利用的照条件,里持以人为本,可可续发展的设计风格,竟动而享求们以庭院与周围环境和认的和诱长发和诸。

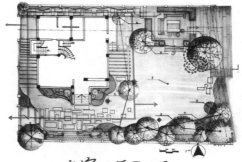

·方案二平面图

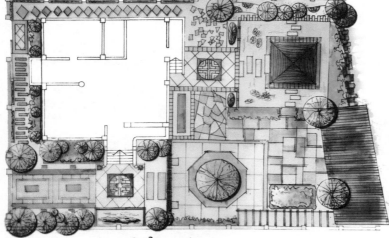

·方案一平面图

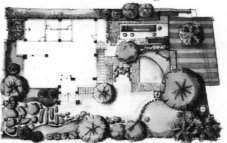

·方案三平面图

图 5-29   庭院设计方案

缘墅·尘林间 把生活还给自然

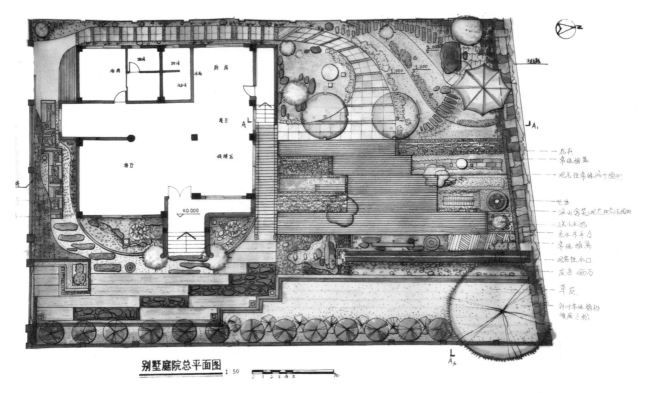

别墅庭院总平面图 1:50

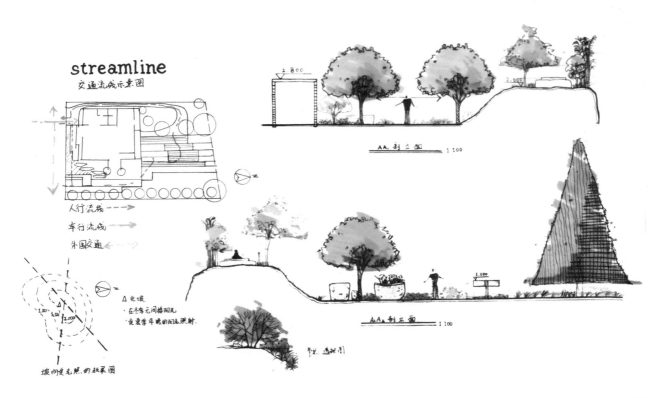

streamline
交通流线示意图

人行流线
车行流线
外围交通

坡向受光照的效果图

图 5-30　庭院设计最终方案（绘图：徐芸、赵海鸿、程千汇、程媛）

滨水景观设计

　　在方案探讨阶段，可以针对项目基地进行多轮平面草图的推演。这是一场头脑风暴的过程，平面草图是后续设计的灵感源泉。

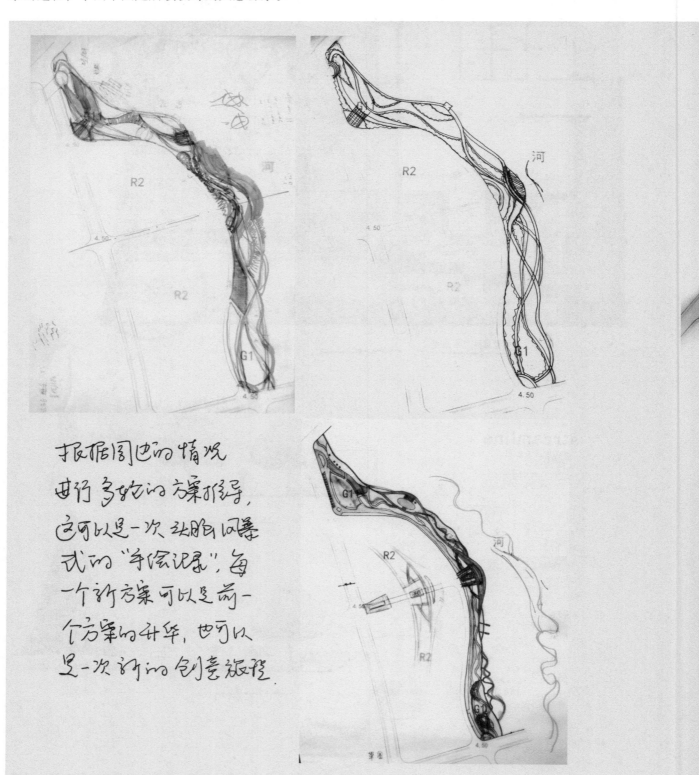

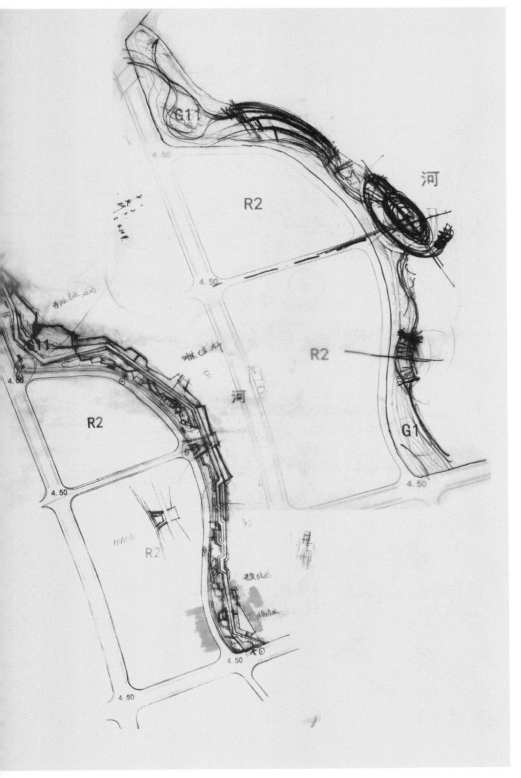

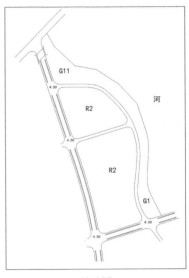

基地图

图 5-31 滨水草图方案设计

方案一：整体空间以"绿"为主，考虑了不同的空间功能的组合。

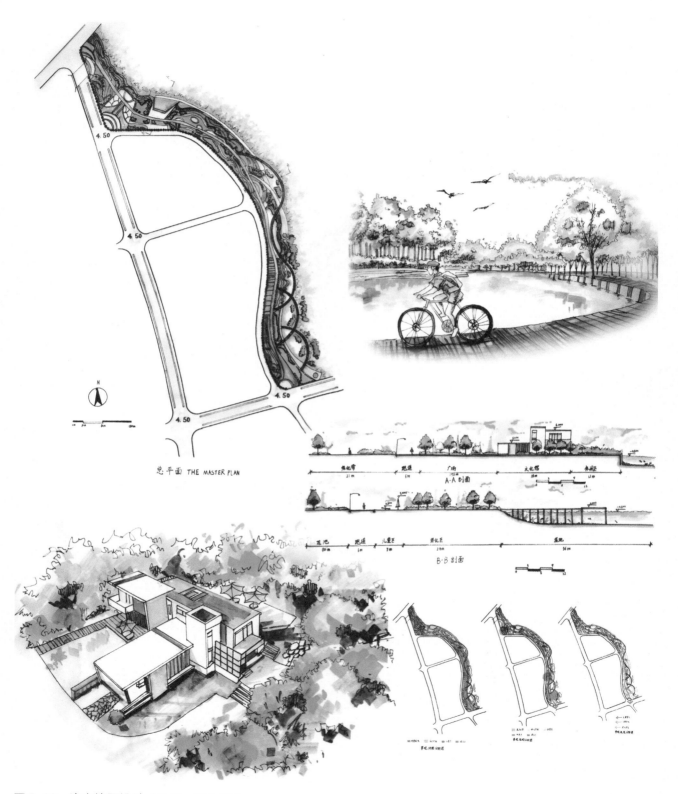

图 5-32　滨水快题设计（绘图：陈旭明）

方案二：更多地运用了驳岸的做法，流线形态贯穿始终。

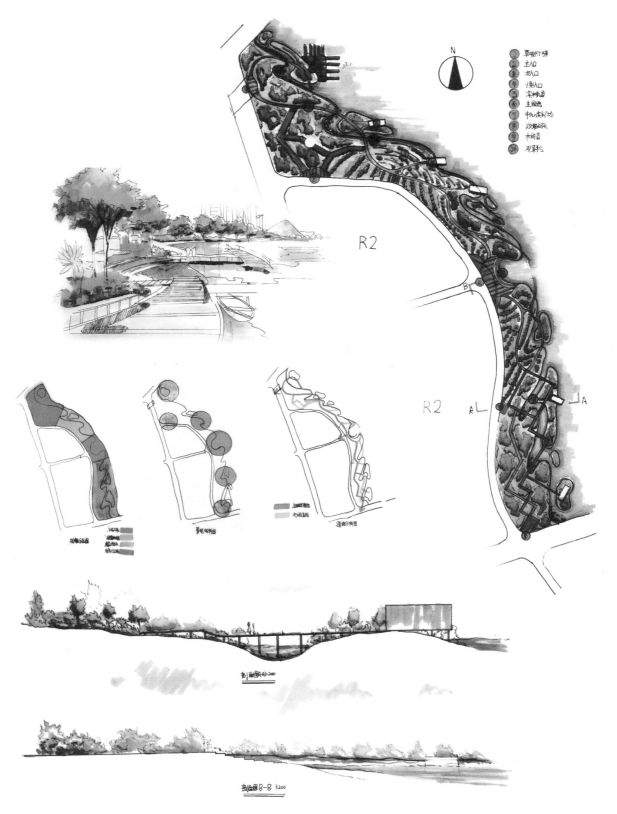

图 5-33 滨水快题设计（绘图：袁嘉威）

广场景观设计

点评：

整个方案空间主次明确，有明确的主广场，整体空间形态一气呵成。功能分区合理，交通流畅，相应的透视图和竖向图能表达出设计意图。

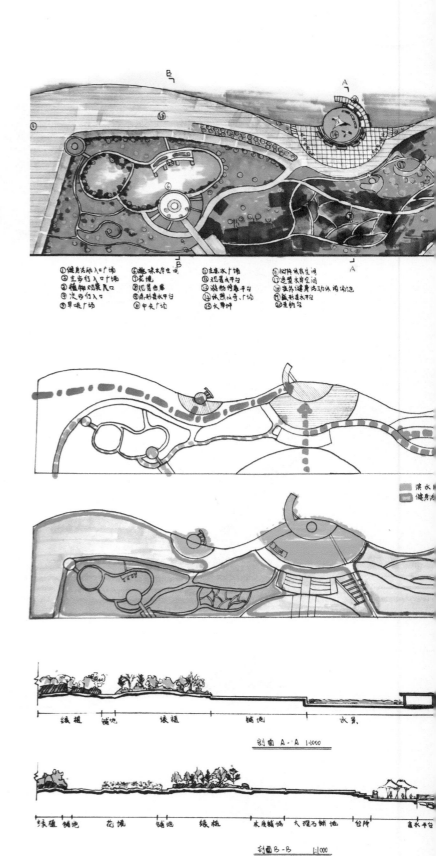

总平面图 1:3000

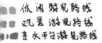

设 计 说 明

该广场主入口为对称式布局，
中轴线集中心为一草地喷泉，
两侧为石拱造式小品及花坛，围
绕整场广场内各景点。局部亲水
处设一休闲亲水平台，可满足人们
的亲水心理，同时亦可满足寻求到
此观赏、嬉戏不同层次的需求。半
圆形中央广场成为视觉的兴奋点，
具有强烈的内聚凝力和向心力。

休闲广场是一个宁静的空间，半私密
性区域，故两座采用现代拉膜结构
的白色为主景，这种轻盈薄膜结构
在水边十分合适，造型美观大方，色
彩亲和，富有现代气息，伫立在风光
迤逦的湖边，与湖上帆影遥相呼
应，不仅有一份心旷神怡的感触，反
象征该地在历史发展的进程中，风筝展飞，一帆风顺。

图 5-34　广场快题设计（绘图：张欢）

荒地景观设计

点评：

　　整个空间是一个地块更新的项目，整个设计包含了从发现问题到解决问题一系列的过程。设计富有逻辑性，图纸表现能够体现最终效果。

问题：
(一) 如何使小区景观与居民之间产生互动？
① 原题为此地块一块居民区面前荒废绿地
② 场地中有一处需保护古寺与休闲码头

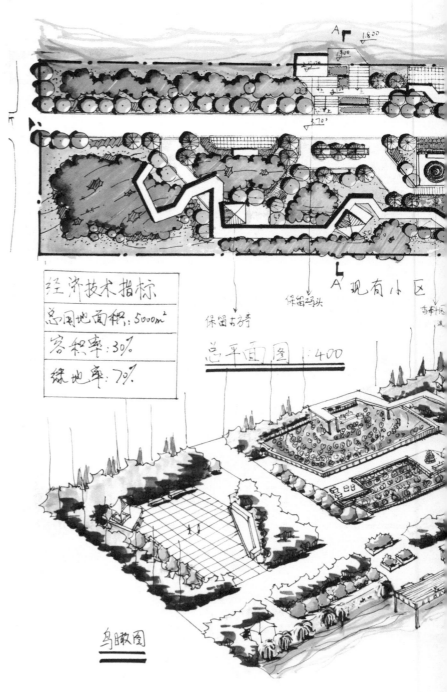

N

0　10　20　30m

经济技术指标
总用地面积：5000m²
容积率：30%
绿地率：70%

A 现有小区
保留码头
保留古寺

总平面图 1:400

鸟瞰图

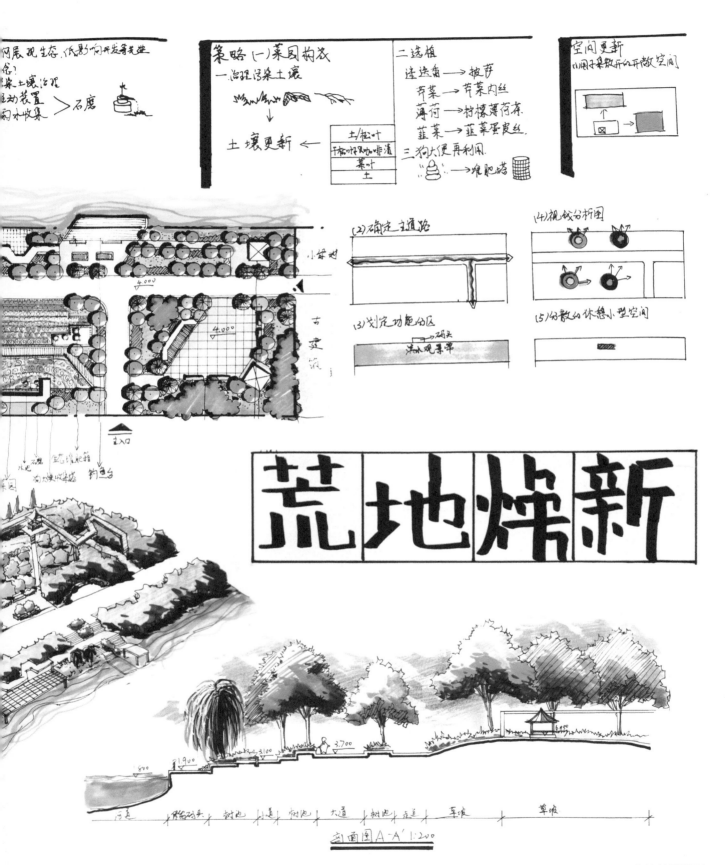

图5-35 荒地焕新

后 记

当本书画上句号之时，感慨万分。作为一线教师，我思索着前人的经验和教训，同时也探索着新的道路。

在这里，首先我要感谢上海建桥学院的大力支持，感谢上海建桥学院艺术设计学院葛洪波院长、孙鹏教学院长、周智明书记给予的支持。我也要感谢全体环境设计系的老师的出谋划策，特别是余卓立老师、杨海燕老师、潘苏水老师提供了许多优秀作品，感谢尚晓倩老师、崔旋老师提供的宝贵建议。

其次，我要感谢华东建筑设计研究院有限公司一级注册建筑师、高级工程师范春波先生，范先生给予我很多新思路，以及行业内难得的一手资料，这对本书编写帮助很大。

再次，我还要感谢提供作品的学生，特别是上海建桥学院艺术设计学院环境设计系 18 级和 19 级的学生。

最后，感谢每一位读者，期望读者们能批评指正，提出宝贵意见。

编 者
2020 年 6 月